人生要有大手笔

迟双明 编著

中国致公出版社

图书在版编目（CIP）数据

人生要有大手笔 / 迟双明编著. --北京：中国致公出版社，2023

ISBN 978-7-5145-2156-6

Ⅰ.①人… Ⅱ.①迟… Ⅲ.①人生哲学—通俗读物 Ⅳ.①B821-49

中国国家版本馆CIP数据核字(2023)第154214号

人生要有大手笔 / 迟双明　编著
RENSHENG YAO YOU DASHOUBI

出　　版	中国致公出版社
	（北京市朝阳区八里庄西里100号住邦2000大厦1号楼西区21层）
发　　行	中国致公出版社（010-66121708）
责任编辑	王福振
责任校对	魏志军
策划编辑	蔡　践
装帧设计	荆棘设计
责任印制	杨秋玲
印　　刷	三河市宏顺兴印刷有限公司
版　　次	2023年9月第1版
印　　次	2023年9月第1次印刷
开　　本	710 mm × 1000 mm　1/16
印　　张	15
字　　数	181千字
书　　号	ISBN 978-7-5145-2156-6
定　　价	58.00元

（版权所有，盗版必究，举报电话：010-82259658）

（如发现印装质量问题，请寄本公司调换，电话：010-82259658）

七大核心

- 1 想法决定方法
- 2 气度决定高度
- 3 做事先做人
- 4 在磨难中成长
- 5 贵人扶一步 胜过十年路
- 6 只要你勇敢，世界就会让步
- 7 做人要有大谋略

要点

精要慧语

◆ 任何一个有意义的构想都是思考的结果。切记：想法决定方法！正如巴尔扎克说："一个有思想的人，才真是一个力量无边的人！"

◆ 气度彰显格局，气度决定高度。气度，是一种从容不迫的气派，一种大智大勇的智慧，一种雍容大度的魅力，更是一种豪迈、仁厚、谦逊的良好品质，能迸发出强劲的力量。

◆ 高尚的品格能够精确地预测一个人的行为。无论做人还是做事，具有良好的品格都是最基本的出发点。品格可以弥补智慧上的不足，但智慧永远弥补不了品格上的缺陷。所以，良好的品格是我们大手笔做人的底线，也是上天赐给我们的最珍贵的奖赏。

◆ 鲜艳的花朵既要享受温暖阳光的乐，也要承受风吹雨打的痛；锋利的宝剑在被人们赞赏前，也要承受千锤百炼的锻打。在逆境、挫折面前能做到超然豁达、淡定从容、沉得住气，这就是真正的大手笔之人。

◆ 一个人的专业与人脉竞争力是一个相乘的关系，如果只有专业，没有人脉，个人竞争力就是一分耕耘，一分收获；但若加上人脉，个人竞争力将是一分耕耘，数分收获。

◆ 冒险与收获往往是结伴而行的。险中有夷，危中有利。英国小说家萨克雷认为："只要你勇敢，世界就会让步。如果有时它战胜你，你就要不断地勇敢再勇敢，世界总会向你屈服。"

◆ 做人应当把握好尺度，要能方能圆，外圆内方。也就是说，要行欲方而智欲圆……掌握了这些做人的谋略和智慧，必能帮助你书写大人生。

前言 Preface

人格魅力中有一种成分叫大手笔。何为大手笔？大手笔是内心世界的一种外观表现，是一个人综合素质对外散发的一种无形的力量，是一种纳百川、怀日月的气概，是一种从容大方、自然天成、胸有成竹的气量，是一种成熟宽厚、宁静和谐的气度。大手笔不仅可以激发人的志气和潜能，而且可以提升一个人的品质和层次，让人感觉到你有堂堂正正、坦坦荡荡、信得过、靠得住的人格魅力。

我国传统文化，常用"志当存高远""风物长宜放眼量""鲲鹏之志"等词句，来形容和鼓励人要有大志。

拥有大手笔者不仅拥有"咬定青山不放松，任尔东西南北风"的心态，而且讲究做人的艺术，行动果断，敢闯敢干，颇有大将风范。

其实，每一个成功者都有一个天大的秘密：做人要有大手笔。大手笔在他们身上展现得淋漓尽致，那种对事业的不倦追求，对人生的深切理解，对世事的泰然平和，在无形之中雕饰出他们奔腾不息的雄心和搏击长空的宏伟志向。他们把成就自己当成一种事业，走出小我的天地，虽说仅仅是一个小小的人物，但对人大气磅礴、为人气度非凡，执着、自信、勇气是他们的风格；他们敢想大事、敢做大事，从不为人生前进道路上的磕磕碰碰影响既定的行程。大手笔做人，才是这些成功伟人后来能大手笔成功的源头。

人生就是一个不断奋斗、前进的过程，是一个不断超越过去、挑战未来的过程。做人大手笔，在挑战自己的同时，也在搏击人生。但是，这需要我们经过大手笔的考验，在生命的熔炉里体验人生所要经历的酸甜苦辣。为了一个崇高的目标，面对人生道路上的高山险峻，大手笔者能够不畏艰险和苦难，不懈追求，始终如一地冲在最前方，独领风骚，实现自我的再造。

大手笔做人哲学为我们树立的是人生的一座丰碑。如果我们努力，必能在此写下我们不朽的名字。做人大气、大度、大手笔，你的人生才能越来越好，你的事业才能越来越成功！

本书引出的是一种大手笔做人的哲学，将做人要有大手笔的细节一一呈现。它取材于我们熟悉的生活，通过生动有趣的实例和简洁的分析，将做人的大手笔智慧加以系统总结以供你参考，让你在浮躁的生活中顿悟做人之道，从而让自己从平凡中脱颖而出，收获一个卓越而亮丽的人生。

目录 Contents

第一章 想法决定方法，有大思路才有大出路

思路决定出路，思路的改变就是命运的改变！大凡有大成就者都是有思想的人，思想就像一个隐藏在人的头脑中的宇宙，蕴含着无穷的力量。可以说，任何一个有意义的构想都是思考的结果。切记：想法决定方法！当我们面对新知识、新事物或新创意时，应该将头脑打开，接受新知识、新事物，从而开启成功的人生之门，谱写绚丽的人生乐章。

做一个有思想的人 / 2

良好的判断力来自深入的思考能力 / 4

打开封闭的头脑 / 7

学会思考，学会创新 / 10

懂反思是大智，敢反思是大勇 / 13

换一个角度看问题 / 16

洞悉被别人忽略的盲点 / 20

灵活创新的想法让你前景光明 / 22

出奇方能制胜 / 24

让你的想象力飞跃起来 / 27

变通是成功路上的一条捷径 / 30

独特的思维角度是我们最大的本钱 / 33

第二章 气度决定高度，大手笔要有大涵养

人生自在与否，是一个气量的问题。坦坦荡荡，月朗风清，为什么自己要把乌云请进来呢！大气量要求我们具备开阔的心胸，这样不仅自己收获自在，也会传染这种开阔的体验。开阔的心胸其实是一种不苛求、不极端、不任性的健康心理，它需要我们去学习，去体会，去感悟，需要拿出一点勇气和智慧，去想，去做，去生活……在短暂的生命历程中，拥有大气量，意味着你的生活更加美好。海是宽广的，所以能纳百川之水，你应该有海一样的胸怀。做人要大度，宽厚平和，只要你能够真正做到大气量待人，你就会避免生活中的很多矛盾，拥有一个成功的人生。

度量大一点，脾气小一点 / 38

爱的极致是宽容，能唤醒迷途的灵魂 / 41

不过是一件小事，何必放在心上 / 43

善待对手是一种大气 / 45

用理解和原谅熬一服包容的汤药 / 48

放下仇恨，心灵才能自由平和 / 51

用包容之心去面对生活 / 53

包容让家庭和睦，充满温情 / 56

邻里之间要相互忍让包容 / 58

宽恕是制止报复的良方 / 60

第三章 做事先做人，成大事先做大写的人

品格源自内心，因此，高尚的品格能够最精确地预测一个人的行为。无论做人还是做事，具有良好的品格都是最基本的出发点。品格可以弥补

智慧上的缺陷，但智慧永远弥补不了品格上的缺陷。品格如果存在缺陷，做事就没有成功可言。做一个具有良好品格的人，这是我们大手笔做人的底线，因为良好品格正是上天赐给我们的最珍贵的奖赏。

德行是至高无上的操守 / 64

培养自己独特的气质 / 67

以忠信笃敬走遍天下 / 70

品格是人生的王冠和荣耀 / 73

品德修炼是心灵完善之根本 / 75

正直是使你快速成功的有效方法 / 78

以诚相待，方可赢得人心 / 82

重诺守信，堪比黄金 / 85

第四章 在磨难中成长，沉住气方能成大器

一个人要想成大器，重要的是历经长久的磨炼。一个成功者一定会承受逆境的磨砺。鲜艳的花朵既要享受温暖阳光的乐，也要承受风吹雨打的痛；锋利的宝剑在被人们赞赏前，也要承受千锤百炼的磨难。在逆境、挫折面前能做到超然豁达、淡定从容、沉得住气，这就是真正的大手笔之人。遭遇逆境，大手笔之人并非感觉不到痛，而是将痛转化为战胜逆境的力量。只要我们能够沉住气、坚持住，勇敢地跨出脚，闯过眼前所有的障碍，理想的天堂就在前方。山高人为峰，只要心够大、眼看得够远，敢于勇往直前，再高的山也终将被我们踩在脚下。

承受住挫折打击，不懈开辟全新道路 / 90

坚忍的意志可以使一切困难让路 / 93

走出绝境就是阳光 / 96

抹去汗水，再坚持一下就好 / 99

承受生活的磨难，命运才会为你而变 / 103

沉住气才能负重 / 106

直面挫折，你会发现自己是强者 / 108

失业了，你也可以继续辉煌 / 111

不断冲刺，走向巅峰 / 114

不懈攀登的生活更有意义 / 119

背水一战，峰回路转 / 121

第五章 贵人扶一步，胜过十年路

一个人的专业与人脉竞争力是一个相乘的关系，如果只有专业，没有人脉，个人竞争力就是一分耕耘，一分收获；但若加上人脉，个人竞争力将是一分耕耘，数分收获。但是，真正的人脉不在于你认识了多少人，而是有多少人认识你，并愿意主动和你打交道，愿意帮你。不要再以认识谁谁谁、跟谁谁谁合过影为荣，成年人的世界里多是资源交换。所以，我们要打造好我们的人脉圈，维护好我们的人脉资源，积累我们的实力，拓展我们的关系，这一切"火种"都可以帮我们取得成功。

人脉铺设成功之路 / 126

热情赢人心，微笑换真情 / 130

借贵人之"光"照亮前程 / 133

编织一张尽量大的资源网 / 137

要想成功，就努力和成功者站在一起 / 140

重视那些看似无关紧要的"小人物" / 143

巧用名人名望 / 146

好风凭借力，送我上青云 / 150

团结合作，得道多助 / 153

多与志同道合的人交往 / 155

第六章 只要你勇敢，世界就会让步，人生不搏不精彩

做大事业，就必须有大手笔，而要有大手笔，向前闯或走出去都有风险。冒险与收获往往是结伴而行的。险中有夷，危中有利。英国小说家W.M.萨克雷认为："只要你勇敢，世界就会让步。如果有时它战胜你，你就要不断地勇敢再勇敢，世界总会向你屈服。"要想有卓越的结果就要敢于冒险，只有充满胆略的冒险，才能为我们带来通常难以企及的成功。

勇敢地去做，适当地冒险 / 160

勇气，是成功的秘诀 / 163

敢于冒险才会成功 / 166

创造非凡的功业，必有非凡的胆识 / 170

站在那"试试看"的跳板上 / 173

做士兵要有当将军的勇气 / 177

人生不搏不精彩 / 182

敢于冲破平庸，才能成就大业 / 185

超越一秒钟前的自己 / 188

极限并非不可逾越 / 191

第七章 做人要有大谋略，大智慧书写大人生

做人要把握好尺度，万事都要留有余地。做人要聪明不外露，做一个糊涂的精明人；糊涂是大智若愚，是懂得进退之道，是随机应变的智慧与

谋略。做人一定要学会能屈能伸,"忍"字当先,到了矮檐之下,该低头时要低头。人要能方能圆,要外圆内方,就是行欲方而智欲圆……掌握了这些做人的谋略和智慧,必能帮助你书写大人生。

"屈"是"伸"的积蓄阶段 / 196

至少要有七成胜算才可行事 / 198

顺时而变,恰到好处 / 200

为人处世,不妨看轻自己 / 204

不可轻视每一个对手 / 207

不要让别人觉得你比他更聪明 / 211

大智慧隐藏于糊涂中 / 214

审时度势,绕道而行 / 216

外圆而内方是做人之守则 / 219

避开钉子,懂得另寻他路 / 223

参考文献 / 226

第一章
想法决定方法，有大思路才有大出路

思路决定出路，思路的改变就是命运的改变！大凡有大成就者都是有思想的人，思想就像一个隐藏在人的头脑中的宇宙，蕴含着无穷的力量。可以说，任何一个有意义的构想都是思考的结果。切记：想法决定方法！当我们面对新知识、新事物或新创意时，应该将头脑打开，接受新知识、新事物，从而开启成功的人生之门，谱写绚丽的人生乐章。

做一个有思想的人

人之所以为人，就是因为他有思想，能独立思考而不盲目相信流行的权威和说法。

——苏格拉底

法国著名科学家、思想家、作家帕斯卡尔在《人是能够思想的芦苇》中说："人之所以伟大，是因为人有自己的思想。"在帕斯卡尔看来，如果人没有思想，就与芦苇没有区别，而且是"自然界最脆弱的东西"，也是社会上最可怜的生物。帕斯卡尔一句话解剖了人类存在的根本，即人的思想是最强大的利器，这也让我们更深入地认识到人在社会中的地位和价值。

人有了思想，就具有了自我认识及反省的能力，就能够认识哪些是可贵的，哪些是可悲的，也可以区别事物的好坏和所作所为之善恶，可以因此形成自己的做事风格，评估自己为人处世的水平，同时可以反思自己的错误，吸取经验教训，防患于未然。

很多人都看过《解放普罗米修斯》。一位坚持真理，顽强不屈的斗士，为了拯救人类，盗来智慧火种，触怒了宙斯，被绑在高加索山上受尽折磨。但他坚信光明将会普照人间。

在《守望的距离》开头卷里："作家使命不是捍卫或推翻某种教

义，而是探究存在之谜。"一本好书总会引发读者的思考。

笛卡儿的"我思故我在"，已强调了思想的重要性。思想即一个人对历史、对生活、对社会的看法。一个人思想越有根据、有道理、有见地与创新，便越先进、深刻。思想决定一个人的行为。

人是靠思想站起来的。巴尔扎克有一句话："一个能思想的人，才真是一个力量无边的人！"

思绪如登山。一开始从山下到山顶，总是以为有两个终点。后来才发现真正的目标只有一个。紧握生命的弦，才能攀登最高峰。早在公元前200多年，阿基米德说过"给我一个支点，我可以撬起地球"这句话。把支点比拟真理，即可以支配万物。

思想是支配一切行动的指南，是令人惊奇而又无可比拟的利器。因为人具有丰富的思想，而使人睿智和高贵，又因为人具有丰富的思想，而在改造世界、创造世界的实践活动中，不断推动人类社会的文明进步与发展。

思想不是稍纵即逝的念头，但思想可以是点缀生命的火花；思想不是人云亦云的传道，但思想可以是生长在心田的嫩芽；思想不是旷野里零星的杉树，思想是一片森林，给远道而来的跋涉者留下醉人的芳华。

即使生活在21世纪，我们也无法自矜我们的幸运：倘若没有思想，或许我们也只能是这个世纪的"汉瓦秦砖"。但既然我们来了，我们就应该珍惜这人生唯一的机会：用眼睛观察，用头脑思索，用心灵感悟，用语言表达，认真对待生活的每一瞬间。这样，社会将会因我们的存在而除去斑斑锈迹，我们也不会因为自己的懒惰和平庸而锈迹斑斑。

人与人的最重要的不同就在于想法和思想的不同，思路决定出路，格局决定成败，什么样的思想决定什么样的人生。就像同一生长环境里的双胞胎一样，有可能长大成人之后性情各异，成就也迥然不同，原因就在于他们对于发生在周围的事有了不同的想法，逐渐地，这些想法形成性格、思想、做人做事的态度，最终决定他们的一生。

任何一个人的内心想法，都是一个构造独特的世界，蕴藏着极大的能量。它的爆发，既可以将你推入万丈深渊，也可以助你走向成功的彼岸。我们要想获取成就，就必须先有自己的思想。没有思想，意识处于混沌状态，连认识自己和看清别人都无法做到，更难对身边的状况作出良好回应。作为芸芸众生中的一员，踏入社会，以后要怎样生存？又要怎样发展？遇到困难如何解决？……种种问题都需要我们独立思考，有自己的独特想法，确立自己为人处世的准则，从而扬长避短、趋吉避凶，也只有这样，我们才能在激烈的竞争中立于不败之地。

做一个有思想的人吧，朋友们，我们的人生将因此多一份自豪，少一份遗憾。

良好的判断力来自深入的思考能力

> 人生最终的价值在于觉醒和思考的能力，而不只在于生存。
> ——亚里士多德

16岁的佛瑞迪在暑假将临的时候对爸爸说："爸爸，我不要整个夏天都向你伸手要钱，我要找个工作。"

父亲从震惊中恢复过来之后对佛瑞迪说:"好啊,佛瑞迪,我会想办法给你找个工作,但是恐怕不容易,现在正是人浮于事的时候。"

"你没有弄清我的意思,我并不是要您给我找个工作。我要自己来找。还有,请不要那么消极。虽然现在人浮于事,我还是可以找个工作。有些人总是可以找到工作的。"

"哪些人?"父亲带着怀疑问。

"那些会动脑筋的人。"儿子回答说。佛瑞迪在"事求人"广告栏上仔细寻找,找到了一个很适合他专长的工作,广告上说找工作的人要在第二天早上8点钟到达42街一个地方。佛瑞迪并没有等到8点钟,而在7点45分钟就到了那儿。可他看到已有20个男孩排在那里,他只是队伍中的第21名。

怎样才能引起特别注意而竞争成功呢?这是他的问题,他应该怎样处理这个问题?根据佛瑞迪所说,只有一件事可做——动脑筋思考。因此他进入了那最令人痛苦也是令人快乐的程序——思考,在真正思考的时候,总是会想出办法的,佛瑞迪就想出了一个办法。他拿出一张纸,在上面写了一些东西,然后折得整整齐齐,走向秘书小姐,恭敬地对她说:"小姐,请您马上把这张纸条转交给您的老板,这非常重要。"

她是一名老手,如果他是个普通的男孩,她就可能会说:"算了吧,小伙子。你回到队伍的第21个位子上等吧。"但是他不是普通的男孩,她的直觉感到,他散发出一种自信的气质。她把纸条收下。

"好啊!"她说,"让我来看看这张纸条。"她看了不禁微笑了起来。她立刻站起来,走进老板的办公室,把纸条放在老板的桌上。老板看了也大声笑了起来,因为纸条上写着:"先生,我排在队伍的第21位,在您没有看到我之前,请不要做决定。"

他是不是得到了工作?当然了,因为他很早就学会了思考。一个会思考的人总能把握问题,也能够解决它。处于第21的位置,是没有什么优势可言的,思考的结果却使它战胜了占据有利形势的对手。

其实,生活中很多人到了十六七岁的时候,也还不曾自己独立自主思考过。自那以后,虽然也变得稍微懂得一点思考,所想的却都是一些鸡毛蒜皮的事。只是在一个劲儿囫囵吞枣地吸收着书本上的内容,对于朋友们所说的话,也不斟酌是否正确,就一味地接受。与其费尽周折地去追究有真实意义的东西,倒不如顺其自然来得省事,这就是很多人懒得思考的原因。由于那样,当发现自己拥有判断力时,已经被偏见误导了。虽然自己并未察觉,却形成了错误的想法,它已取代了对真理的追求。

思考是勘探的重锤,叩击知识宝库的大门;思考是导航的路标,指引人们驶向智慧的彼岸;思考是创新的门窗,没有它,成功的阳光就射不进来。

没有什么比思考时更有魅力,没有什么比思考的收益更大,一个经常处在燃烧中的大脑,比思想冷却更有能量。善于思考的大脑,就像一个熔炉,炼出颗颗黄金。

"要是我早点开始自己判断就好了!"这是很多人到了一定年龄后的感叹。所以,为了避免将来后悔,最好及早开始。当然,人的判断力不可能永远正确,偶尔也有失误的时候。能够弥补这种失误的,就是不断学习和与人交往。

当一个人独立思考并开始尝试时,对事物的看法就会有惊人的改变。

与过去用别人教的想法去看事情，以及把抽象的幻觉误当作真实的事物比起来，此时我们对任何事物的看法都显得井然有序。

对于头脑里冒出来的想法，首先要重新评估一下，它是否真的是自己的意见。虽然需要花费较长的时间，但养成用自己的头脑仔细思考事情的习惯是值得的。首先，你要把现在的想法——加以检讨，想想看，是自己真的那么想，还是照别人告诉你的去想的？会不会是偏见或错误的信念？就从这些问题开始思考吧。如果没有偏见，就请你用自己的头脑，听听各种人的意见，想想看是对或错，或者有哪个地方不对，然后再综合各种意见，归纳出自己的看法。

任何有意义的构想和计划都是出自思考，而且思考得越痛苦，收益就越大。一个不善于思考难题的人，就像水中漂浮的叶子，终日浮于水面，决定不了自己的人生。

打开封闭的头脑

思维世界的发展，在某种意义上说，就是对惊奇的不断摆脱。

——爱因斯坦

松下幸之助是由生产插头起家的，由于插头的性能不好，产品的销路大受影响，不多久，他就陷入三餐难继的困境。

一天，他身心俱疲地独自走在路上。一对姐弟的谈话引起了他的注意。姐姐正在熨衣服，弟弟想读书，但是那时候的插头只有一个，即熨衣服就不能开灯，两者不能同时使用。弟弟吵着说："姐姐，您不快一点开灯，叫我怎么看书哇？"姐姐哄着他说："好了，好了，我就快烫好了。""老是说快烫好了，已经过了30分钟了。"姐姐和弟弟为了用电，一直吵个不停。松下幸之助想：只有一根电线，有人熨衣服，就无法开灯看书，反过来说，有人看书，就无法熨衣服，这不是太不方便了吗？何不想出同时可以两用的插头呢？他认真研究这个问题，不久，他就想出两用插头的构造。试用品问世之后，很快就卖光了，订货的人越来越多，简直供不应求。他只好增加工人，也扩建了工厂。松下幸之助的事业，就此走上稳步发展的轨道，逐年发展，利润大增。

打开封闭的头脑就是要求我们思路灵活，善于从不同角度和不同方向进行思考，并能根据外部条件的变化灵活地转换思路和解决问题。尤其当我们面对新知识、新事物或新创意时，千万别将头脑封闭起来，应该将我们的思路打开，接受新知识、新事物。一个奇妙的想法，一个小小的改变，往往会引起意想不到的效果。

纵观商界发展的历史，很多成功的企业，究其经营的秘诀，无不推陈出新，以独创之奇、之新制胜。尤其是21世纪以来，市场竞争异常激烈，推陈出新作为经营方法和竞争手段更是备受推崇。发展的契机总是伴随着独创的头脑而来的，独创并不是非常高深、非常神秘的东西，关键是要我们有这种独创的意识。

提到创新，就会联想到发明创造，因此很多人会马上说"那是专家的事"。实际上，这种想法是十分错误的。在当今，创造活动已经不再是科学家、发明家的专利了，它已经深入到普通人的生活中，很多人都可以进行创造性的活动,生活、工作的各个方面都可以迸发出创造性的火花。

美国有一家牙膏公司,产品优良,包装精美,深受广大消费者的喜爱。记录显示,前十年每年的营业收入增长率为100%,令公司董事会雀跃万分。不过,进入第十一年、第十二年及第十三年时,业绩则停滞下来,每个月维持同样的数字。董事会对这三年的业绩表现感到不满,便召开全国经理级高层会议,以商讨对策。

会议中,有名年轻经理站起来,对总裁说:"我手中有张纸,纸里有个建议,若您要使用我的建议,必须另付我5万元!"总裁听了很生气:"我每个月都支付你薪水,另有分红、奖励,现在叫你来开会讨论,你还要另外5万元,是否过分?""总裁先生,请别误会。若我的建议行不通,您可以将它丢弃,一分钱也不必付。"年轻的经理解释说。"好!"总裁接过那张纸后,阅毕,马上签了一张5万元支票给那位年轻经理。那张纸上只写了一句话:将现有的牙膏开口扩大1毫米。总裁马上下令更换新的包装。试想,每天早上,每个消费者多用1毫米牙膏,每天牙膏消费量将多出多少倍呢?这个决定,使该公司第十四年的营业额增加了32%。

创造性想象力产生思想上的创意,而创意产生财富与成就。你认为你现在想做的事是正确的,并且坚定它一定可以实现的话,就不要左顾右盼,而要勇往直前,果断地向理想挑战,不必理会倘若失败会怎样的疑问,那么你离成功就会越来越近。

亨利·兰德平日非常喜欢为女儿拍照,而每一次女儿都想立刻看到父亲为她拍摄的照片。有一次他就告诉女儿,照片必须全部拍完,等底片卷回,从照相机拿下来后,再送到暗房用特殊的药品显影。而且,副片完成之后,还要照射强光使之印在别的相纸上面,同时必须再经过药品处理,一张照片才告完成。他向女儿作说明的同时,内心却问自己:

"等等，难道没有可能制造出同时显影的照相机吗？"对摄影稍有常识的人，听了他的想法后都异口同声地说："那怎么可能。"他却没有因受此批评而退缩，于是他告诉女儿的话就成为一个契机。最后，他终于不畏艰难地制造出了"拍立得"相机。这种相机完全依照女儿的希望，很快就能看到照片，因而，兰德企业就此诞生了。

成功就在于人的一念之间，每个人都有创造的能力。在人与人之间，创造力只有大小之分，没有有无之别。在每一个人的身边都包含着你想象不到的机会和方法，只要你不断地追求卓越，从你所看的每件事里挖掘特点，并学到灵活的做法，你就能在各种竞争中脱颖而出，稳操胜券。

总之，打开封闭的头脑，是改进我们的工作业绩、改变我们的生活、最终拥抱成功的关键所在。

学会思考，学会创新

要创新需要一定的灵感，这灵感不是天生的，而是来自长期的积累与全身心的投入。没有积累就不会有创新。

——王业宁

华若德克是美国实业界大名鼎鼎的人物。在他未成名时，有一次，他带领下属参加在休斯敦举行的美国商品展销会，令他感到懊丧的是，他被分配到一个极为偏僻的角落，而这个角落是很少有人光顾的。为他设计摊位布置的装饰工程师劝他干脆放弃这个摊位，认为在这种情况下展览是不可能成功的，唯一的办法是等待来年再参加商品展销会。沉思良久，他觉得自己若放弃这一机会实在太可惜。而这个不好的位置带给他的厄运也不是不能化解，关键就在于自己怎样利用这处不好的环境使之变成整个展会的焦点。他觉得改变这种厄运需要一种出奇制胜的策略，可是怎样才能出奇制胜呢？他陷入了深深的思考。他想到了自己创业的艰辛，想到了展销会组委会的冷眼，想到了摊位的偏僻，他突然想到了偏远的非洲，自己就像非洲人一样受到不应有的歧视。第二天，他走到了自己冷清的摊位前，心里充满悲哀又有些激奋，想到你们既然把我看成非洲难民，那我就给你们打扮一回非洲难民，于是一个计划就此产生了。

华若德克让他的设计师给他设计了一个阿拉伯宫殿式的氛围，围绕着摊位布满了具有浓郁非洲风情的装饰物，把摊位前的那一条荒凉的大路变成了黄澄澄的沙漠，他安排雇来的人穿上非洲人的服装，并且特地雇用动物园的双峰骆驼来运输货物，此外还派人定做大批气球，准备在展销会上用。还没到开幕式，这个与众不同的装饰就引起了人们的好奇，不少媒体都报道了这一新颖的设计，市民们都盼望开幕式尽快到来以一睹为快。展销会开幕那天，华若德克挥挥手，顿时展厅里升起无数的彩色气球，气球升空不久自行炸开，落下无数的胶片，上面写着："当你拾起这小小的胶片时，亲爱的女士和先生，你的运气就开始了，我们衷心祝贺你。请到华若德克的摊位，接受来自遥远的非洲的礼物。"这无数的碎片洒落在热闹的会场，当然华若德克也因此奇特的改变与创新取得了巨大的成功。

很多从常规思维角度去思考认为是办不到、不可能实现的事情，从发散思维角度去思考，往往办不成的事就能办成，不可能实现的目标最终也会实现。华若德克的故事告诉人们创新来自不受局限的自由幻想，它可以帮助我们以一种崭新的、与以往不同的方式来看待事物之间的关系，并且使习惯的思维方式成为助益而非妨害。在很多情况下，看上去无关的事物，却能给人们启发。飞机外形的设计就来源于人们对飞鸟的观察；潜水艇的外形很像海豚，雷达来自蝙蝠的知觉给人类的启发；皮下注射针像响尾蛇的牙……这一切都是很好的证明。

俗话说："只有想不到，没有做不到。"思路决定出路，思考是人生最大的财富。学会思考，就能找到人生新的起点；学会思考，学会创新，成功就会向你走来。

穷者顺从自己由来已久的惯性思维，头脑受到太多的局限，因此永不能挣脱条条框框的羁绊，一生受贫穷困扰。那些富者，或者早年也曾贫穷，但他们在现实生活中能挣脱习惯性思维的束缚，让思想自由驰骋，学会了创新，最终跻身富人之列。只有学会了思考，学会了创新，打破常规，才能让不利的条件变成有利的条件，才能变被动为主动，才能取得成功。

越出常规，也许会使你遭遇各种意外，假如你不去尝试，你也就永远只能停留在无知的状态。

做人要有点大手笔，不可总是遵循老路子走，一条道走到黑，死钻牛角尖。要有奇招儿，敢于开辟新的路径，这样才能得到成功的青睐。因此，大手笔做人的艺术不仅仅强调结果的重要性，做事的过程与方法更是不可忽略的因素，没有开阔的思路和另辟蹊径的意识是不行的。

大手笔做事者既能高瞻远瞩，又能明察秋毫。"百智之首，知人为上；百谋之尊，知时为先；预知成败，功业可立。"这也可以作为大手笔者的谋划智慧。

《孙子·势篇》曰："凡战者，以正合，以奇胜。故善出奇者，无穷如天地，不竭如江河。"此话虽然是在讲战争，但是将它用在做事中，也很有道理，做事时有时会出现竞争，如果死拼老本，不一定会取得很好的效果，没准会满盘皆输，或者两败俱伤。但是，如果采取奇招儿，给对方一个猝不及防，就可以获得意想不到的效果。

"奇招儿"不仅用在竞争中会起到意想不到的效果，在非竞争的情况下，也会使做事者更胜一筹。

不管你从事的是哪一个行业，幸运之神都偏爱会思考、有创新精神的人。思考能使人不断进步，创新能使你的事业再上一个巅峰。因此，从现在起培养你不断思考、敢于创新的意识，从生活中的点点滴滴开始培养，那么你的远大目标距离实现也就不远了。

遇到棘手的事情能够保持冷静，不慌不忙，从容应对，另辟蹊径，想出独特的解决之道，才是大手笔做人的风范。

懂反思是大智，敢反思是大勇

不下决心培养思考习惯的人，便失去了生活中最大的乐趣。

——爱迪生

阿光是位应届大学生，他学的是英文，自认为无论听、说、读、写，对他来说都只是雕虫小技。

由于他对自己的英文能力相当自信，因此寄了很多英文履历到一些外商公司去应聘，他认为英文人才是就业市场中的绩优股，肯定人人抢着要。

然而，一个星期接着一个星期过去了，阿光投递出去的应聘信函却杳无回音，犹如石沉大海一般。阿光开始忐忑不安，此时，他却收到了其中一家公司的来信，信里刻薄地提道："我们公司并不缺人，就算职位有缺，也不会雇用你。虽然你认为自己的英文水平不错，但是从你写的履历来看，你的英文写作能力很差，大概只有高中生的水平，连一些常用的文法也错误百出。"

阿光看了这封信后，气得火冒三丈，好歹自己也是个大学生，怎么可以任人将自己批评得一文不值。阿光越想越气，于是提起笔来，打算写一封回信，把对方痛骂一番，以消除自己的怨气。

然而，在阿光下笔之际，他却忽然想到，别人不可能无缘无故写信批评他，也许自己真的太过自以为是，犯了一些自己没有察觉的错误。

因此，阿光的怒气渐渐平息。他自我反省了一番，并且写了一张感谢卡给这家公司，谢谢他们指出了自己的不足之处，用字遣词诚恳真挚，把自己的感激之情表露无遗。

几天后，阿光再次收到这家公司寄来的信函，他被这家公司录用了！

自我反思是一次自我解剖的痛苦过程。它就像一个人拿起刀亲手割掉身上的毒瘤，需要巨大的勇气。认识到自己的错误或许不难，要用一颗坦诚的心去面对它，却不是一件容易的事。懂得反思，是大智；敢于反思，则是大勇。割毒瘤可能会有难忍的疼痛，也会留下疤痕，却是根除病毒的唯一方法。只要"坦荡胸怀对日月"，心地光明磊落，反思的勇气就会倍增。古人云："君子之过也，如日月之食焉。过也，人皆见之；更也，人皆仰之。"这句话的意思是，日食过后，太阳更加灿烂辉煌；月食复明，月亮更加皎洁明媚。君子的过错就像日食和月食，人人都看得见，但是改过之后，会得到人们更大的尊敬。

子曰："吾日三省吾身。"圣人都是如此，更何况我们这些普通人。

自我反思，简而言之就是自我反省，自我检查，以"自知己短"，从而弥补短处，纠正过失。

力求上进的人都重视自我反思。因为他们知道，反思自己是认识自己、改正错误、提高自己的有效途径，自我反思使人格不断趋于完善，让人走向成熟。

孔子的学生曾参说，他每天从三方面反复检视自己：替人办事有未曾竭尽心力之处吗？与朋友交往有未能诚实相待之时吗？对老师传授的学业有尚未认真温习的部分吗？他就是这样天天自省，长处继续发扬，不足之处及时改正，最终成为学识渊博、品德高尚的贤人。

自我反思是一种不断使道德完善的重要方法，是治愈错误的良药，它能给我们混沌的心灵带来一缕光芒。在我们迷路时，在我们掉进了罪恶的陷阱时，在我们的灵魂遭到扭曲时，在我们自以为是沾沾自喜时，自省就像一道清泉，将思想里的浅薄、浮躁、消沉、阴险、自满、狂傲等污垢涤荡干净，重现清新、昂扬、雄浑和高雅的旋律，让生命重放异彩，生机勃勃。

自我反思的主要目的是找出过失及时纠正，所以反思绝不可以陶醉于成绩，更不可以文过饰非。"静坐常思己过"，以安静的心境自查自省，才能克服意气情感的干扰，发现自己的本来面目，捕捉到平时还自以为是的过失。

只有善于发现并且敢于承认自己的过失，才可以进一步纠正过失。我们常常看不到自己的短处，很多缺点都是通过旁人的指出才知道。这就要求我们用一颗平常心来对待别人善意的规劝和指责，反省自己的过失。俗话说"忠言逆耳利于行"。那些逆耳忠言，常常能照亮我们不易察觉的另一面。

如果我们能自我反思，不仅可以了解自己做了什么，最重要的是透过它了解自己真正的意图。

我们要趁早培养自我反思的习惯，它能修正自己做人做事的方法，给自己指引明确的方向。

换一个角度看问题

伟人不只在事业上惊天动地，他时常不声不响地深思熟虑。

——克雷洛夫

1850年，美国报纸刊登了一则令平民百姓兴奋的消息："美国西部发现了大片的金矿。"那些怀揣着发财之梦的人们，便携家带口纷纷拥向金矿。21岁的李维·施特劳斯也经不起黄金的诱惑，加入淘金者队伍。来到那里后，看着众多淘金者和一望无际的帐篷，他的发财梦很快就被打碎了。

于是他决定放弃从沙土里淘金的工作，他通过认真考察，发现要想在这里真正赚到钱不是从沙土里，而应该从那些工人身上淘出真正的金子来。就这样，李维·施特劳斯用身上所有的钱，开了一家专销日用百货的小商店。小商店开业以后，李维·施特劳斯忙着进货和销货，由于当时淘金者众多，用来搭帐篷和马车篷的帆布很畅销。看到这种情况，他便乘船去购置了一大批帆布运到工地，没想到货物刚一下船，就被抢购一空，而帆布却无人问津。下船后他问一个淘金的工人："你要帆布搭帐篷吗？"工人回答说："我们这需要的不是帐篷，而是淘金时穿的耐磨、耐穿的帆布裤子。"李维·施特劳斯深受启发，当即请裁缝给那位淘金者做了一条帆布裤子。这就是世界上第一条工装裤。许多人纷纷找他询问怎么样才能买到帆布裤子，于是李维·施特劳斯当机立断，把剩余的帆布全部加工成了工装裤，很快便被抢购一空。如今，这种工装裤已经成了一种流行服装——牛仔服。

牛仔裤以其坚固、耐磨、穿着舒适获得了当时西部牛仔和淘金者的青睐。经过大胆想象，李维·施特劳斯决定对工装裤做一次样式上的改观。他找到了法国涅曼发明的经纱为蓝、纬纱为白的斜纹粗棉布。用这种面料生产出来的裤子，不但结实耐磨柔软贴身，而且样式也比以前的漂亮多了。这种工装裤一时间在西部的淘金工人、农机工人及牛仔中间广为流传。人们也把这种裤子改了叫法，叫作JEANS，这一时间成为工装裤的代名词，这种叫法为工装裤的进一步流行起到了宣传作用。靛蓝色是与欧洲原始时代和宗教信仰有着

17

密切关系的颜色,所以这种颜色对牛仔裤流行欧洲起了潜在的帮助作用。

李维·施特劳斯还采纳内华达州一位裁缝的建议,发明并取得了以钢钉加固裤袋缝口的专利。李维·施特劳斯所发明的工装裤逐渐具有了今天牛仔裤所特有的样式。李维·施特劳斯的工装裤的样式越来越漂亮,公司越办越红火。淘金工人进城休假时,他们身上的这种工装裤引起了市民的注意,一时间工装裤不仅受到淘金工人的欢迎,同时还受到了普通大众的钟爱。牛仔、大学生、青年纷纷购买李维式工装裤,渐渐地,这种服装在美国成为一种时髦服装。直到今天,李维式牛仔裤上的钢钉,仍是结实和美观的象征。李维式工装裤就这样逐渐成为年轻化、大众化和充满青春魅力的象征,不同身份和地位的人开始接受李维式工装裤。

李维·施特劳斯公司已有150多年的历史。当今,李维式牛仔裤已发展成一种时尚服装,热销全世界。大量的订单如雪花般飞来,李维·施特劳斯于1853年成立了牛仔裤公司,以"淘金者"和牛仔为销售对象,大批量生产。后来,他们又了解到许多美国妇女喜欢穿男式牛仔裤。根据这种情况,李维·施特劳斯公司经过深入调查,设计出适合妇女穿的牛仔裤、便装和裙子,销售额大增。

古语有"变则通,通则达"的说法,创意是在实践中不断得到发展的。学会细心观察,用心观察生活的某个镜头,慢慢地你就会发现世界上的事情总是在变,而能够利用这种变化为自己创造机会的人,才会拥有闪亮的人生。例如,怎样使电视看起来更清晰?怎样使沙发坐起来更舒服?怎样使书阅读起来更便捷?……需要创新的东西太多,正因如此,创新才使我们的生活变得丰富多彩。

有位日本妇女，在用洗衣机洗衣服后发现，衣服上总会沾上一些小棉团之类的东西。有一天，她突然想起小时候在山冈上捕捉蜻蜓的情景。她想，小网可以网住蜻蜓，同样也可以网住那些小棉团。于是她用了三年的时间，边做边想，边想边做。终于在经过无数次的反复试验之后取得了成功。这种小网挂在洗衣机内，那些杂物就清除掉了。由于它构造简单，使用方便，成本低廉，受到大家的欢迎。当然她获得了高额的专利费。你看，只要你留心观察生活，它总会带给你惊喜。

你自己潜在的创造力是一生享用不尽的财富，它可以使你战胜任何困难。这些困难并不一定指你所犯的错误或者遭遇的挫折，还包括你不知道如何将事情纳入正轨，或者如何解决一些困难。多数时候，你知道如何解决汽车抛锚的问题，你也知道如何对付经理布置的几乎不可能按期完成的加班任务。所以说，你也具有创造能力，即把内心的梦想变为现实的能力。

就此而言，创造力是一种力量，或许你对这种力量没有任何概念，你却会梦到它。创新能力是所有人都具备的能力。那些被认为具有创新能力的人所拥有的创造力其实仅比你多了一点点。

正确的思维是正确行动的前提，推动人生航船的不是帆，而是看不见的"风"。所以，你要学会利用"风"。然而，在碰到问题时，人的惯性思维总是围绕现有的方法找出路。杜威说过："人基本上是一种由惯性铸成的动物。"很多时候，人们将惯性归纳为"逻辑"，但逻辑就像是一条被许多人所走过的旧路，但它不能带你到达另一个新的地方。这个时候，我们就需要改变自己的思维方式了。

有时候人之所以被一些问题困扰，其实并不是问题本身有什么难度，而是只从一个角度去看它，就像我最开始从窗户看植物一样，虽然非常努力，甚至绞尽脑汁，结果却钻了牛角尖。所以，其实只要我们换一个角度去看待问题，那么问题的本质说不定就会清晰地呈现在你的面前。不要坠入"非此则彼""非黑则白"极端思维的陷阱，要明白在极端之间还有一系列的中间状态。

生活中，我们除了要关心"为什么""怎么办"之外，一定要关心"怎么想"，从一定意义上说，"你想什么，什么就是你"。工作和生活中，人们难免会遇到矛盾与挫折，但这些就像白纸上的黑点小得微不足道，如果只盯住它，就会一叶障目，不见森林，影响我们生活与工作的态度。我们不妨换个角度，用积极、乐观的心态看待挫折与矛盾，采取正确的办法解决难题，这样不仅能使生活更加美好，也能使工作更加顺心和有意义。

洞悉被别人忽略的盲点

人应当相信，不了解的东西总是可以了解的，否则他就不会再去思考。

——歌德

长沙长富利公司的老板陈子龙把他的成功经验总结为12个字：人无我有，人有我专，人缺我补。这套经验是陈子龙在长期实践中摸索出来的。年轻时，陈子龙只是一个小商人，开一家小副食店，由于实力薄弱，时时面临着对手的挤压，几番风雨之后，陈子龙终于想出了"填空档"的妙招。

有一天，陈子龙来到开在五一路的分店，发现该店生意很不景气，心里很不是滋味。经过了解，原来在离分店 100 米处新建了一栋百货大楼，招徕顾客的手段高明，客流量大，货源充足，有着许多优势，而他的分店在品种竞争、场地竞争等方面都处于劣势。鉴于这种情况，陈子龙决定利用自身"小"的特点去求发展，他注意到那家大商场的营业时间是早上 9 时到晚上 8 时，这使得一些早出晚归的顾客想买临时需要的商品很不方便。于是，陈子龙调整了该分店的营业时间，将以前的"早 9 时晚 8 时"改为从早上 6 时至 10 时和从下午 3 时至凌晨 2 时两段，使营业时间基本上与那家大商场错开，这种与众不同的营业时间正好满足了那些早出晚归的消费者，起到了"填空档"的作用。

陈子龙的商店不仅从商品品种、货源多少、顾客需求变化上进行考虑，而且注意在时间差、服务手段上突出自身的特点，尤其是别人不太注意的细微之处，他更是通过看、问、比、试，不断发掘可供自己利用的特点，使各家分店在不同的销售环境里勇于创新，不断吸引顾客，提高商店的声誉。

凭着"填空档"这一招，陈子龙在夹缝中求生存，不断发展壮大。陈子龙每次都是在大局不利的情况下致力寻找商机，巧胜对手。

"填空档"的要点是填补其他商家经营上的空当以吸引顾客，占领市场。陈子龙这一招就是从人们的生活习惯着手，既提高了自己的经营业绩，同时也避免了同对方的无效竞争。工作性质不同，工作时间当然会有差别。

大多数人总是跟着热点走，很少有人从这种"虚热"的背后，看到一些有价值的机会；但是有心人就会洞悉到被这些跟风者们忽略的市场盲点，这些盲点在他们手中就变成了成功的胚胎、价值的种子。

歌颂财富，赞美成功，是这个时代的主旋律，人们每天忙碌、辛勤工作的动力就是追求财富的热切愿望。先知先觉者已经在各自的领域内树立起了一面财富的大旗，后知后觉者则在苦苦寻觅可以插下财富旗帜的山头。在这个越来越成熟的市场中，提供给后来者的机会不是很多，但是就有好多人可以在竞争激烈的夹缝中找到一些被人忽略的盲点，看准了人们生活习惯中蕴藏的商机，果断出击，一跃成为财富新贵。

聪明人总是能够发现别人忽略或根本不知道的机会，并且善于利用机会。他们独辟蹊径，从小路杀到大路上。由于少了竞争和阻力，他们往往能比别人更有优势，因此也能更领先一步。

灵活创新的想法让你前景光明

在艺术创作中，第一个意念最佳；在其他的事情上，反复思考的结果最好。

——布莱克

哥伦布发现美洲后，许多人都不以为然，认为美洲就在那儿，哥伦布只不过是凑巧发现了而已，其他任何人只要有运气，都可以做到。于是，在一次盛大的宴会上，一位贵夫人向他发难道："哥伦布先生，美洲就在那儿，我们谁都知道，您不过是凑巧先上去了呗！

如果是我们去也会成功的。"

面对责难，哥伦布很镇静，他灵机一动，拿起了桌子上一个鸡蛋，对大家说道："诸位女士、先生们，这里有一个鸡蛋，把它立在桌上很容易，请问你们谁能做到呢？"

大家面面相觑，不少人跃跃欲试，却一个个败下阵来。哥伦布微微一笑，拿起鸡蛋，在桌上轻轻一磕，然后鸡蛋就立在那儿了。

哥伦布说："是的，就这么简单。发现美洲确实不难，就像立起这个鸡蛋一样容易。但是，诸位在我没有立起它之前，你们谁又做到了呢？"

哥伦布很聪明地说明了创新的难易问题，有时谜底一揭穿，其实非常简单。鸡蛋磕破了，谁都知道可以立在桌上，但是在没有人想到之前，又有谁做到了呢？因此，这就是一个创新，它是另一种看问题、另一个解决问题的途径。

创新，有时候表现为看问题的新角度。有很多时候，人们甚至会说："这也算创新吗？原来我也知道哇！"但是，关键就在于你敢不敢想，愿不愿说，肯不肯做，虽然想起来很容易，实际做起来却并不简单。

现在社会追求创新，只会盲目苦干、固执蛮干，不懂得随机应变的人没有前途。勤于运用自己的智慧，跳出思维定式，懂得另辟蹊径，出奇制胜，才能使我们更容易走向成功，创造奇迹，未来前景也会更光明，可以说灵活创新诠释卓越人生。

历史靠什么进步？社会靠什么发展？很大一部分就是靠人们永不停息的创新精神。如果我们一直遵循旧思维套路，一成不变，那么，恐怕人类现在仍然停留在原始社会呢！历史的潮流是如此，一个人的发展也是这样。

创新意识是人类发展的不竭动力,是事业成功的重要前提,也是追求成功的人士所必须具备的能力。创新能够使我们得到发展与进步,把事业推向辉煌。

创新就是用一种与众不同的、新颖的和敢于冒风险的方法和精神去解决所面对的问题,提出新思想、新认识,探索新规律,创造新成果,取得新成效。

创新的最根本特点在于"新",就是在思维方式方法上和实践过程中,具有开拓性和独创性。常规性思维是遵循固有的和普遍适用的思路和方法进行思维,重复前人、常人过去已经进行过的思维过程,思维的结论属于现成的知识范围。而创新需要思想活跃,不受陈旧的传统观念的束缚,注意观察研究新事物。有创新思维的人不满足于现状,常常会给自己提出各种疑难问题,勤于思考、积极探索、敢于创新。

古今中外,各行各业的成功人士身上都闪耀着创新的夺目光彩,模仿永远成不了真正的大师。对每个人而言,知识是当今时代生存与发展的主要凭借,而创新不仅是时代的要求,更是持续发展、不断进步的真正源泉。因此,创新能力已经成为新时代人才成功素质的重要一条。

出奇方能制胜

只有先声夺人,出奇制胜,不断创造新的体制、新的产品、新的市场和压倒竞争对手的新形势,企业才能立于不败之地。

——黄汉清

第一章　想法决定方法，有大思路才有大出路

有个犹太商人，他把独生子鲁特送到国外去读书。不久这个犹太商人突然病倒了，在弥留之际，他立下遗嘱，把家中所有财产都转让给了长期服侍自己的贴身奴隶。不过如果他的儿子鲁特要财产中的哪一件，奴隶须毫无条件地满足他。商人死后，奴隶很高兴。他披星戴月赶往国外，找到小主人，把老爷临死前立下的遗嘱拿给他看，鲁特看了以后十分伤心。

安葬好父亲后，鲁特一直在心里盘算自己应该怎么办。最后，他跑去找一个叫罗德曼的朋友，向他说明了情况。罗德曼听了以后说："你的父亲非常聪明，而且非常爱你。"鲁特不满地说："把财产全部送给奴隶的人还谈得上什么聪明，简直是愚蠢。"

罗德曼叫鲁特多动动脑子，想想父亲希望他要的东西是什么。罗德曼告诉他："你父亲非常清楚，自己死后，身边没有一个亲人，奴隶可能会带着自己辛苦挣来的遗产逃走，说不定连招呼都不打。所以，你父亲才在你不在身边的情况下使用了这种把全部遗产保护下来的办法。"可是，鲁特还是不明白，既然都送给奴隶了，保管得再好，对他又有什么好处。

罗德曼见鲁特不开窍，只好实话实说："奴隶的财产全部属于主人，这你应该知道的。你父亲不是给你留下了一样财产吗？你只要选那个奴隶就行了。这是多么精明的想法呀！"

鲁特终于明白了父亲的良苦用心。原来，父亲使用了一个权宜之计，遗嘱中所给予奴隶的一切用一个"但是"作为前提，把奴隶美好的一切都变成了梦幻泡影。这个"但是"是这个犹太商人所立遗嘱的关键。

聪明的犹太商人正是利用此招成功地保住了自己的财产。因此，办事情的时候，只要心中有把握，再加上头脑中有出奇制胜的方法，事情就一定能够办成。

结果是检验事情成败的重要标准，所以，办事情必须讲究策略和方法。这里的策略和方法并非指要什么阴谋诡计，而是说尽量用最佳策略和方法来争取最佳结果。这个策略和方法越是简单、有效，就越有杀伤力。

我们在办事中要做到有把握，就必须知己知彼。孙子说："不知彼而知己，一胜一负；不知彼，不知己，每战必殆。"我们办任何事均应做好事前的调查工作，冷静客观地认清双方的具体情况，才能获胜。

要想达到办事成功的目的，就必须有一点绝招，见人之所未见，行人之所未行，方可达到出奇制胜的目的。

你能举起一根毫毛，不能说有力气；能看见太阳和月亮，不能说有眼力；能听到轰隆的雷声，不能说耳朵比别人灵。会办事的人，总是先人而出，先人而动，出奇制胜。

我们在办事时，蕴含着很多的技巧，其中出奇制胜就是其中之一。出奇制胜需要一颗灵活的头脑。

有人曾经说过，所有成功的秘密就在于对你身边的一切保持高度关注，调整自己以适应周围的环境；意识到时机资源的宝贵，在适当的时间里说别人想听的话和需要听的话；仅仅处理好事情是远远不够的，还需要在适当的时间和适当的场合去处理。出奇制胜是敏锐的洞察力及在紧急时刻快速反应能力的综合产物。

让你的想象力飞跃起来

想象力比知识更重要，因为知识是有限的，而想象力概括着世界上的一切，推动着进步，并且是知识进步的源泉。

——爱因斯坦

一家百货商场，虽地处闹市中心，地理位置也不错，但总是门外车马喧嚷，而店内冷冷清清，许多人都是从店门前的大街上匆匆而过，很少有人进店驻足。没有顾客，商场的生意一直很冷清。经理对此一筹莫展。一次，经理的朋友偶然路过商场，听经理叹息着说了商场的情况后，沉思良久，笑着对经理说："要让过往行人都能到你店里来看看并不难，有一面镜子就行了。"

经理半信半疑，但还是按照朋友的吩咐，在临街的墙上装上了一面仅几个平方米的镜子。镜子的上方，用红纸贴了一行大字：朋友，请注意您的仪容！镜子的下方贴了一行小字：店内备有免费的木梳。

当许多人又从商场门前经过时，会不由自主地走到镜子前照一照，然后就走进了商场梳理头发，如果需要打鞋油，鞋刷备有十几把，可以免费使用，各种鞋油却在店内柜台上销售。

商场内的人一下子拥挤起来，有买鞋油就地擦鞋的，有买发胶就地梳理头发的，有买口红对着店里的镜子涂抹的，当然，店内的护肤品、日用小百货等也销量激增，商场的生意一下子就火爆了起来。一面镜子，就把匆匆而来的路人"照成"了店内购物的顾客，就这么简单。

其实许多时候，对于商家来说揽客的方法就是这样：让人知道自己缺什么，然后，让他主动去选择。这样比强塞给顾客宣传单更有效。

爱因斯坦说："想象力比知识更重要，因为知识是有限的，而想象力概括着世界上的一切，推动着进步，并且是知识进化的源泉，严格地说，想象力是科学研究中的实在因素。"

想象可以使人的认识超越时空和具体条件的限制。叶圣陶曾经说过："想象不过把许多次数、许多方面观察所得的融和为一，团成一件新的事物罢了。假若不以观察为依据，也就无以起想象作用。"想象是在原有感性形象的基础上在头脑中创造新形象的过程。想象可使人的认识超出时空与具体条件的限制，拓展和丰富人们的精神世界。合理的想象可能会扭转局面，让天空亮起来。

然而，想象力也不是凭空的瞎想，心理学告诉我们想象的源泉是客观现实，想象的内容是客观现实的反映。而合理想象的方法更是成功的关键。

方法是主体在对象性活动中的行为方式和为达到某种目的而采用的途径、手段和工具的总和。"方法"一词，源于希腊文，意思是遵循某一道路，亦指为了实现一定的目的，必须按一定程序所采取的相应步骤。

方法一般来说分为以下几个层级：一是方法论基础，这是取得科学管理方法的哲学依据；二是基本的管理方法，这是取得科学管理方法的哲学依据，是主体解决各种问题、认识各种事物带有共性的一种方法，如思维方法、预测方法、理论联系实际的方法；三是具体的管理方法，它是主体在某一时期或某一阶段解决某种具体问题所使用的方法，如行政方法、经济方法、企业管理方法等；四是操作性的管理方法，它是指主体为顺利实现目标而采取的各种活动技巧与技术，如评估技术、统计技术、计算机应用技术等。可见，方法具有层级之分，不同的工作要采用不同的方法，越接触实际，方法越具体、越生动、越丰富多彩。这里给你讲述一个营销的例子。

司迪麦口香糖是一个十分成功的行销案例。一段时期，在各媒体广告处处都可以看到、听到保持口气清香的箭牌口香糖广告，司迪麦以逆向思维的突破观念，创造出极为怪异而且有颠覆意味的广告手法——"我有话要说"，对新新人类展开寻求认同的猛烈攻势。

这个在媒体广告上从未出现过的新手法，立即将司迪麦的销量推上了高峰，不但打响了司迪麦的知名度，也将这个新产品成功推入了市场。

这就是在人们常规的思路基础上加上合理的想象，最终取得了成功。如果现在的营销人员能不时地训练自己，时常活用逆向的观念，就能够灵活运用营销战略与战术的技巧，将营销业务顺利地往前推展。时常有人认为所谓创意只不过是灵光一现，这是错误的观念，要经常且随时不断地练习运用逆向的多元性思考能力，看待事情不能只从一个角度分析，养成了习惯之后，就随时会有潜在意识的能力展现，就像是一束激光，在一个球体内外、上下毫无拘束地穿梭，让你在营销的时候得心应手，无往不利。其实不光是在营销领域，在各行各业，只要你让想象的翅膀飞起来，都会有不俗的表现和成功。

那么怎样才能让我们打破陈规，让我们的想象飞起来呢？其实想象有时就是这样，对于特定的问题，集中注意力，并且从各种角度去探讨，尽量让想象力"飞跃"起来。起初，你会觉得幼稚、可笑，但是仔细总结之后，又会发现新的东西。"非常好的决策方式"，往往是从精神游戏产生出来的，不过，重要的一点，就是片刻不离问题的核心。让想象力活跃的另一途径，就是面对问题，阅读各种参考书籍，然后再探讨有关联的各种问题。

如果满足于现状，如何能有所改善呢？时常训练自己，用批判性的眼光来观察。做这种训练，就要对于自己所做的事，都以"疑问"的眼光来看，尤其是对于惯例，"认为当然的事"，更要存有疑问的态度去思索。虽要事事存疑，但对于旁人的新构想，不要一味地挑剔，应该与对方一起讨论、研究，并且积极地参与。这么一来，原本不太实用的想象，也会产生意想不到的效果。不要对任何想象加以否定，没有思考，没有检验，没有实践就没有发言权。但也不能只要是想象就一味肯定，因为有些偶然产生的构想，看起来很不错，但是仔细想想，可能还有更好的方法。

想象能激发观察的灵感，拓展观察的渠道和内容，让事情变得更加美好。然而想象并不是凭空的想象，要想让想象的翅膀飞起来。还需要客观联系这个世界，把知识融会贯通。

变通是成功路上的一条捷径

知道事物应该是什么样，说明你是聪明的人；知道事物实际是什么样，说明你是有经验的人；知道怎样使事物变得更好，说明你是有才能的人。

——狄德罗

孔子落魄于野，弟子去向当地富人求食。富人一听是孔子的徒弟在讨饭，就写一"真"字，问他是什么字，弟子说是个"真"字。可是富人非说不对，不给食物。孔子听弟子一说就去了，说："直八。"富人连呼:"厉害厉害,果然不愧是大师。"弟子疑惑,明明不是"真"吗?孔子说:"认真,认真我们就不该讨饭了,现在就是认不得真的时候啊。"

这个故事讲的就是,当某些事情进行不下去的时候,要学会进行变通,进行新的尝试。现在有许多满怀雄心壮志的人毅力很坚强,但是由于不会进行新的尝试,因而无法成功。请你坚持你的目标吧,不要犹豫不前,也不能太生硬,不知变通。如果你的确感到行不通的话,就尝试另一种方式吧。

做事有许多方法,你的所选并非就一定正确,可以有多种选择,这就是变通。

在人生的每一个关键时刻,要审慎地运用智慧,做最正确的判断,选择正确的方向,同时别忘了及时检查自己选择的角度,适时调整。放弃无谓的固执,冷静地用开放的心胸做正确抉择。每次正确无误的抉择将指引你走向通往成功的坦途。

诺贝尔奖得主莱纳斯·皮林说过:"一个好的研究者知道应该发挥哪些构想,而哪些构想应该丢弃,否则,会浪费很多时间在差劲的构想上。"在很多时候,由于种种原因,人们的目标和思维会使自己处于一个两难的境地,这时,最明智的做法是穷则思变,变则通,及时地抽身而退,去开辟其他研究项目,寻找新的成功契机。

牛顿早年就是永动机的追随者。在进行了大量的试验失败之后,他很失望,但他很明智地退出了对永动机的研究,在力学研究中投入更大的精力。最终,许多永动机的研究者默默而终,而牛顿却跳出了这无谓的研究,在其他方面脱颖而出。

当你确定了目标以后,下一步便是要审慎地对待自己的目标,或者说确定自己所希望深耕的领域。如果你决心做一下改变,就必须考虑到改变后是什么样子;如果你决定解决某一问题,就必须考虑到解决中可能遇到的困难是什么。

当确定了理想的目标以后,你必须研究一下达到该目标所需的时间、财力、人力的花费是多少,你的选择、途径和方法只有经过检验,方能估量出目标的现实性。你或许会发现自己的目标是可行的,否则,你就要量力而行,修改自己的目标。

许多成功人士一生不败,关键就在于懂得为人处世变通之道,进退之时,俯仰之间,都超人一等,让左右暗自佩服,以之为师。

学会为人处世变通之道不是"空头支票",而是决定你能否从人群中脱颖而出的关键;反之,凡不知为人处世变通之道者,一定会在许多重要时刻碰得头破血流,跌入失败之境。

两个探险家在林中狩猎时,一头凶猛的狮子突然跳到他们面前。"保持镇静,"第一个探险家悄悄地说,"你还记得我们看过的那本关于野生动物的书吗?那书上说,如果你非常冷静地站着别动,两眼紧盯着狮子的眼睛,那它就会转身跑开的。""书上是那么写的,"他的同伴说,"你看过这本书,我也看过,可这头狮子看过吗?"

如果这两个探险家真的两眼紧盯着狮子的眼睛的话,后果肯定只有一个。因此从这个故事中我们知道,无论是学习、做人还是做事都应该学会应变,学会变通,不可形而上学。

那些百折不挠、牢牢盯住目标的人,可以说已经具备了成功的要素。那么如果学会变通,遇到事情时对自己说"总会有别的办法可以办到"。要学会变通,因为做事有很多选择,你的想法未必就一定正确,即使你的想法正确,不一定采取的方法就一定正确。

现在每年有许多家新公司获准成立,可是几年以后,只有一小部分仍然继续运营。那些半路退出的人会这么说："竞争实在是太激烈了，只好退出为妙。"其实，失败固然有种种理由，但根本的一条是钻进了困难的牛角尖而不能自拔，在困惑的黑暗中找不到解决问题的方法。而成功者的秘诀往往是随时检查自己的选择是否正确，然后合理地调整目标，放弃无谓的固执，然后轻轻松松地走向目标。

在像永动机一类事情上，如果一味地坚持，而不去检查自己的想法到底是否正确，那么这个坚持即是无谓的执着，是不知变通的愚昧，因此，当我们在工作和生活中处理这类事件时，一定要知难而退，见好就收，不做无谓的牺牲，因为错误的决定，只能让你南辕北辙，离真理之路越来越远，即使付出百倍的艰辛，也很难达到目标。

一个人要想取得事业上的成功，要学会适时地变通，但变通不是无原则地随意行动，而必须是合理的，即合乎实际情况和客观规律等方向。如果只是一味地坚持既定的方针，而不知变通，往往投入了大量精力，最终还是一事无成。

独特的思维角度是我们最大的本钱

一个人想做点事业，非得走自己的路。要开创新路子，最关键的是你会不会自己提出问题，能正确地提出问题就是迈开了创新的第一步。

——李政道

冠有"塑胶花大王"之称的李嘉诚，早在他开发塑胶花之前，就预见到塑胶花迎合社会发展的快节奏，也只不过是风行一段时间而已，人们崇尚自然，而塑胶花无论如何也不能取代有生命的植物花。

专注全港塑胶业10年的李嘉诚，常常会思考这样一个问题，塑胶花的大好年景还会持续多长？要到什么时间结束呢？

塑胶厂遍地开花，塑胶花泛滥成灾。塑胶花业之所以兴旺，除了自身所具备的优点外，更主要是迎合人们赶时髦的心理。如果两方面比较，后者才是最为主要的因素。塑胶花，无论怎么变，最终还是塑胶花，是绝对不会完全替代有生命的植物花的。

李嘉诚见微知著，未雨绸缪，因此他把全部精力投注到缔造以地产为龙头的商业帝国。后来他在地产业的成功，使他戴上了"超人"的桂冠。

事实证明，正是由于李嘉诚的审时度势，在不疑之处善于发现思考问题，才造就了他的成功。

思考是行动的前提。不改变思考的内容和方式，要求改变行为方式比登天还难！大多数成功人士都不是靠雄厚的本钱发达的，而是靠独特的思维方式。在某种程度上，独特的思维角度才是我们人生发光的最大本钱。

成功人士之所以有自己独特的成事之道，在很大程度上在于他与众不同的思维方式，以及他与常人考虑问题的角度不同。那么，那些成功人士又是怎么思考问题的呢？从中我们又可以得到哪些启示呢？

1. 在不疑处找问题，运筹帷幄

每当新事物产生或出现时，求知欲强的人士都要忙碌一番，但在追求新知的过程中，问题意识是个非常重要的因素。

日本著名的日立制作所前专利部长二味先生多年前曾经说过："我们经常在商品开发或企业管理方面为发掘新问题而在不停地动脑筋，其思考的方向在于一种方法、商品或其他事物，经过两年以后仍然保持原状时就可能有问题存在，因此必须加以研究。"

日立制作所因为有这种观念，所以无论是办公室的配置还是机械的制作方面，无时无刻不在求新求变。该公司曾与东芝、三菱并驾齐驱，技术占日本第一位的成功秘诀当在于此。

2. 让思考更加周密

所谓让思考更周密即是追求构想的品质，亦即借着追求完美的态度与审慎的思维，使所获得的构想更细致而周密。

日本卡式录音机是只有一排按键、一个麦克风的装置，实为极精致、美观的产品。只要按下不同的按钮即可快速转动或倒转。其基本原理的专利权虽由美国人取得，却由日本技术专家们经过仔细地研究试验，扩大了其性能，赋予适当的音量与不易损坏的按键，而基板底采用塑胶制，且使其小型化，并使用精密有力的电力系统及磁头。这样，吸收利用基本原理，并精密设计周边产品的结果，在出口贸易战争上打了一场胜仗。

3. 大胆地越过界

人的思考范围往往会越来越狭隘，这主要是自鸣得意、乖僻、爱闹别扭、心里老大不痛快等因素，使重要的思考领域未能扩大造成的。

要扩大思考领域，最重要的是要突破先入为主的观念。古语云"失败乃成功之母"，生而为人实无恐惧失败的理由。扩大思考领域中的要诀之一，是在思考时将思考的对象由下位概念转变为上位概念。

4. 从数量中求质量

以"愚者千虑，必有一得"来比喻着重构思数量的思考方法，可能不甚恰当。然而欲扩大思考的领域，增加构思数量以达到思考的质的方面的提高，也是重要诀窍之一。

平鸟廉久所著的《开发热门商品的构思法》中，提到了水平思考法，水平思考法是由得柏诺博士提出的，即同时循多条途径以获得优异构想的方法。直线地朝目标思考固然也是一种方法，但亦可以采取横向思考，亦即以不同角度接近目标。

5. 思考必须与众不同

所谓独创性思考，简单说来即是大部分人想不到的构想。例如，请人们在 5 分钟内就烟灰缸的用途举出其构想的试验时，也许每人会有许多构想，但构想中当有许多相同之处。如可装回形针、当花钵等重复出现的构想比率越高时，即表示此构想的独创性低。大抵相同构想的出现率在 20% 以下，便可称之为具有高独创性的构想，我们应力求此等高独创性构想，减少低独创性构想。

此外，还有运用替代性想象与臆测性想象来达成目的，例如"能不能以 A 代替 B ？"的一种构想法。除了前述的各种方法外，同时辅以伸缩性、变通性、转换性构想，将可获得意外的发现。

6. 建设性的自我暗示

我们要自信，要有乐观的心境，经常对自己作有建设性的暗示，预期的情况会十分顺利。举例而言，在参加入学考试时，若把最后 5 分钟想成"只剩下 5 分钟了"，则容易使自己陷入紧张与悲观中。如果换成"还有 5 分钟"的想法时，心理上就比较从容与乐观。"只剩 5 分钟"的想法是破坏性思考，易产生紧张、焦虑，使大脑一片空白，记忆的再生机能麻痹而答不出来，完全是一种破坏性的自我暗示。但假如利用"还有 5 分钟"的从容感，则可能产生出好几倍的力量。

产生灵感或构想的最佳时机，是在心情完全放松的状态下。具备建设性的思考方法，将使你成为乐天派，又因具有自信心的缘故，会促使你构思强化、灵感如泉涌。这样，商品开发的新点子就会源源而来，使你在不断的创新中开辟亨通的财路。

第二章
气度决定高度，大手笔要有大涵养

人生自在与否，是一个气量的问题。坦坦荡荡，月朗风清，为什么自己要把乌云请进来呢！大气量要求我们具备开阔的心胸，这样不仅自己收获自在，也会传染这种开阔的体验。开阔的心胸其实是一种不苛求、不极端、不任性的健康心理，它需要我们去学习，去体会，去感悟，需要拿出一点勇气和智慧，去想，去做，去生活……在短暂的生命历程中，拥有大气量，意味着你的生活更加美好。海是宽广的，所以能纳百川之水，你应该有海一样的胸怀。做人要大度，宽厚平和，只要你能够真正做到大气量待人，你就会避免生活中的很多矛盾，拥有一个成功的人生。

度量大一点，脾气小一点

天称其高者，以无不覆；地称其广者，以无不载；日月称其明者，以无不照；江海称其大者，以无不容。

——曹植

画家巴里在罗马时，有争论的嗜好。他和罗马的艺术家及艺术爱好者，就油画和绘画作品的经营问题，展开了激烈的争论。他的朋友和同乡埃德蒙·伯克是一位宽宏大量的人，为此热情洋溢地给他写了一封信，并劝他说："请相信我，亲爱的巴里，诚然，用武器可以反对世界的邪恶，但是，能使我们和解的品质却是节制、温和、宽容他人及多多地反省我们自己。这些品质并非是那种卑怯的品质，一些人也许会这么认为，其实，这些品质是一种伟大的、崇高的品质。这种品质能使我们沉着镇静，也能给我们带来好运。没有任何其他东西能比一颗温和平静的心灵，更能使我们从容地面对一个充满流言蜚语、尔虞我诈、暴力冲突的世界。我们应该与我们的同类和睦相处，如果我们不是为了他们，至少我们也应该为了我们自己的利益而与他们和睦相处。"

伯克这充满哲理的劝慰话语，足可作为我们做人与处世的金玉良言。

度量大，是一种修养，是一个人文雅人格和健康心理的体现。它来自其人生理念、理想追求及道德修养。胸襟宽阔，就能见贤思齐，而不会嫉贤妒能。而心胸狭隘，是不够虚心、不能容人、品行不端的表现。

要做到大度，不小气，首先要眼界开阔，而不能目光短浅。因为，眼界开阔的人在看问题方面会比较大气，而没有什么见识的人只能囿于自己的小圈子里面，为了鸡毛蒜皮的事情跟人吵得脸红耳赤。要始终怀着一颗美好的心去观察和认识世界，要用长远的眼光去看问题，只有这样，才能具有宏大而深邃的视野。

大凡杰出的人物，都是那些能够容忍的人。无论是在人际交往还是在工作中，他们都能做到"度量大一点，脾气小一点"。

朱莉娅·韦奇伍德夫人说："所有精神礼物中，最珍贵的便是理性的宽容。"对不能容忍、脾性褊狭的最好修正便是增加智慧和丰富生活的经验。拥有良好的修养往往使人们摆脱那些无谓的纠缠。那些不能容人、脾性褊狭的人很容易便卷入这些无谓的纠缠中。

良好的修养主要在于这样一种脾性之中，具有这种脾性的人能公正、理智、慎重和仁慈地对待和处理生活中的实际事物。因此，有文化修养和生活经验丰富的人总是能很好地克制自我、宽厚待人，那些愚昧无知和心胸狭窄之人往往不能容忍和宽厚待人。那些具有宽厚性格的人，其性格的宽厚程度与其实际智慧成正比，他们总是能考虑别人的缺点和不利条件而原谅他们——考虑别人在性格形成过程中环境因素的控制力量，考虑别人不能抵制诱惑而犯错的情形。

人要懂得一个道理：度量大是为人处世中应该的必备品性，它既是你自身素质的反映，也是你获得快乐的良方。

就实际来说，在生活中遇到不顺心的事是正常的，受到别人的伤害有时也是会有的，但是怎么办呢？是包容忍让还是以牙还牙呢？对此，应该有着正确的认识。一般来说，非原则的事情，我们应该以良好的包容之心来对待与感化，而没必要据理力争、针锋相对。因为包容忍让不仅是一种智慧，更能彰显一个人的气度与风范。

在与人交往过程中，人与人之间由于认识水平不同，经常会产生矛盾。如果我们能有较大的度量，以谅解的态度去对待别人，这样就会赢得时间，矛盾就会得到缓和。相反，如果度量不大，即使丁点大的小事，相互之间也会争争吵吵，斤斤计较，最终伤害了感情，也影响了友谊。

古人常说："将军额上能跑马，宰相肚里可撑船。"佛界也有一名联："大肚能容，容天下难容之事；开口常笑，笑世间可笑之人。"这些名句、名联无非是告诫人们，为人处世要豁达大度。

豁达大度说起来容易，做起来很难。它要求人们在社交场上，必须抑制个人的私欲，不为一己之利去争、去斗，也不能为了炫耀自己而贬低他人。

历览古今中外：大凡胸怀大志、目光高远的仁人志士，无不大度为怀；反之，鼠肚鸡肠、片言只语也耿耿于怀的人，没有一个成就了大事业，没有一个是有出息的人。

只要有一种看透一切的胸怀，就能做到豁达大度。把一切都看作"没什么"：才能在慌乱时，从容自如；忧愁时，增添几许欢乐；艰难时，顽强拼搏；得意时，言行如常；胜利时，不醉不昏，有新的突破。只有如此放得开的人，才能算得上豁达大度的人，才能尽显气度与风范，并更好地赢得他人的尊敬。

清代学者张潮有一句话："律己宜带秋风，处事宜带春风。"让我们多一些长远的眼光，少一些狭隘的想法；多一些磅礴大气，少一些小肚鸡肠；多一些理解、宽容，少一些埋怨。这才是现代有为之人所必备的气质和胸怀。

爱的极致是宽容，能唤醒迷途的灵魂

生活中不会宽容别人的人，是不配受到别人的宽容的。但是谁能说自己是不需要宽容的呢？

——屠格涅夫

著名书法家启功成名之后，经常有人模仿他的笔墨然后在市面上出售。有一次他和几个朋友走在大街上，路过一个专营名人字画的铺子，有人对启功说不妨到里面看看有没有他的作品。

启功好奇，大家就一起走进了铺子，果然发现好几幅"启功"的字，字模仿得也真够到家，连他的朋友都难以辨认。

朋友问道："启老，这是您写的吗？"

启功微微一笑赞道："比我写得好，比我写得好！"众人一听，全都大笑起来。

谁知说话之间，又有一人来铺里问："我有启功的真迹，有要的吗？"

启功说："拿来我看看。"那人把字幅递给他，这时，随启功一起来的人问卖字幅的人："你认识启功吗？"

那人很自信地说:"认识,是我的老师。"

问者转问启功:"启老,您有这个学生吗?"

作伪者一听,知道撞到枪口上了,顿时陷于尴尬恐慌无地自容之境,哀求道:"实在是因为生活困难才出此下策,还望老先生高抬贵手。"

启功宽厚地笑道:"既然是为生计所迫,仿就仿吧,可不能模仿我的笔迹写反动标语啊!"

那人低着头说:"不敢!不敢!"说罢,一溜烟地跑了。

同来的人说:"启老,你怎么让他走了?"

启功幽默地说:"不让他走,还准备送人家上公安局啊?人家用我的名字,是看得起我,再者,他一定是生活困难缺钱,他要是找我借,我不是也得借给他吗?当年的文徵明、唐寅等人,听说有人仿造他们的书画,不但不加辩驳,甚至还在赝品上题字,帮穷朋友多卖几个钱。人家古人都那么大度,我何必那么小家子气呢?"

"爱的极致是宽容,能唤醒迷途的灵魂"是一句至理名言,它彰显出一个人的襟怀、气度与宽容之心。

宽容,首先要对自己宽容。只有对自己宽容的人,才能宽容他人。人的烦恼一半来源于自己,即所谓画地为牢,作茧自缚。宽容地对待自己,就是心平气和地工作、生活。这种心境使自己保持充实的良好状态。

如果一语龃龉,便感觉受打击,这就说不上宽容。真正的宽容,应该是能容人之短,又能容人之长。

启功先生宽容的襟怀比之古人,可以说是有过之而无不及。

宽容能折射出一个人为人处世的经验、待人的艺术、良好的涵养。

学会宽容不仅有益于身心健康，且对赢得友谊、保持家庭和睦、婚姻美满乃至事业的成功都至关重要。

不过是一件小事，何必放在心上

人之谤我也，与其能辩，不如能容。人之侮我也，与其能防，不如能化。

——弘一大师

在一班公交车上总是会有许多人，从来就没有空的时候。这天莎燕下班回家，在公司门前的那个站牌等公交车。左等右等，终于来了一趟。

哇！公交车里好多人，黑压压的。莎燕努力地向上挤，终于挤上了车。但挤车时一不小心，踩了旁边的胖大嫂一脚。胖大嫂的大嗓门叫开了："踩什么踩，你瞎了眼了？"莎燕本还想道歉来着，但一听这话面子上挂不住了："就踩你了，怎么着？"于是，两个女人的好戏开演了。双方互相谩骂，恶语相加。随着火力的升级，两人竟然动起了手，胖大嫂先给了莎燕一下，莎燕也立即以牙还牙，两手都上去了，在胖大嫂脸上乱抓一通。还是边上的好心人把两人拉开了。

莎燕的指甲长，抓破了胖大嫂的脸，而她却没怎么受伤。想到这里，莎燕不禁得意起来。

终于回到了家，一进家门莎燕便向老公倒起了苦水。不过她倒认为自己没吃亏，反倒把那恶妇抓破了脸，所以，讲到这里一脸的灿烂。这时老公看了她一下，惊奇地问道："你右耳朵上的那个金耳坠呢？"莎燕一摸耳朵，耳坠早已不见了……

　　我们经常以为斤斤计较就是让自己不受伤害，事实上，这是一种小肚鸡肠的表现。总以为别人占自己一分便宜，自己就要想尽办法占三分回来，否则自己就是吃了大亏，事实真的像我们想象的那么单纯吗？

遇事斤斤计较，就会增添生活中的烦恼，在生活中，尤其需要大度。如果一个人气量小，遇事斤斤计较，那么在生活中就会处处碰壁，烦恼无限。假如能以实际行动理解、包容别人，那么你也会得到别人的理解。

心胸豁达的人会对别人更宽容，而心胸狭窄的人则会为一点小事斤斤计较，这两种人哪一种更受欢迎，不言而喻。我们当然不希望自己的人际关系糟糕到别人都排挤和疏远自己，那么就需要我们尽量让自己的心胸宽阔起来，对于一些小事不要太计较。

生活中总是有一些人心胸不够开阔，一点小事就足以让他们心烦意乱。当别人无意中惹到他们时，他们总是斤斤计较，摆出一副寸土必争的姿态。他们做人的原则就是一点小事也得计较，但实际上往往这种人最容易受伤。

一个气量小的人，谁敢靠近你？反之，以实际行动理解和包容对方，不仅可以使那些对你不敬的人心生惭愧，同时还可以告诉别人你的胸怀和气度是别人无法企及的，那么你会在不知不觉中吸引许多有德之人。

这才是吃小亏，赚大便宜的上上之策。不要做那种斤斤计较的傻事，对你没有任何好处。

宽容是一种能力，一种停止伤害继续扩大的能力。宽容不只是慈悲，也是修养。在生活中，宽容可以产生奇迹，宽容可以挽回感情上的损失，宽容犹如一个火把，能照亮由焦躁、怨恨和复仇心理铺就的黑暗道路。

善待对手是一种大气

自家好处，要掩藏几分，这是含蓄以养深，别人不好处，要掩藏几分，这是浑厚以养大。

——金兰生《格言联璧》

在与拿破仑交战中，有两名英国将领被俘虏，有一天，这两名英国将领从凡尔登战俘营逃出，来到布伦。因为身无分文，他们只好在布伦停留了数日。这时布伦港对各种船只检查甚严，他们简直没有乘船逃脱的希望。

对家乡的热爱和对自由的渴望，促使这两名俘虏想了一个大胆而冒险的办法，他们用小块木板制成一只小船，准备用这只随时都可能散架的小船横渡英吉利海峡。这实际上是一次冒死的航行。当他们在海岸上看到一艘英国快艇，便迅速推出小船，竭力追赶。他们离岸没多久，就被法军抓获。

这一消息传遍整个军营，大家都在谈论这两名英国人的非凡勇气。拿破仑获悉后，极感兴趣，命人将这两名英国将领和那只小船一起带到他面前。他对于这么大胆的计划竟用这么脆弱的工具去执行感到非常惊异，他问道："你们真的想用这个渡海吗？""是的，陛下。如果您不信，放我们走，您将看到我们是怎么离开的。"

"我放你们走，你们是勇敢而大胆的人。无论在哪里，我见到有勇气的人就钦佩，但是你们不应用性命去冒险。你们已经获释，而且，我还要把你们送上英国船。你们回到伦敦，要告诉别人我如何敬重勇敢的人，哪怕他们是我的敌人。"

拿破仑赏给这两个英国将领一些金币，放他们回国了。

许多在场的人都被拿破仑的宽宏大量惊呆了。只有拿破仑知道，他的士兵们将从这番话中受到怎样的鼓舞，他的人民将如何赞扬他的宽容无私。他似乎已经听到了士兵们震天的呼声。

哲学家卡莱尔说："伟人往往是从对待别人的失败中显示其伟大的。"用宽容的态度去对待你的"敌人"，这样就会表现出你的与众不同之处，也正因为你闪光的人性，使你能得到别人的信任和敌人的佩服，这样你就既赢得了他们的心，也取得了最高层次的胜利。

因为误解或种种原因，而出现"敌手"的事情是经常会有的，有"敌手"必然会引起心情的不快，并在诸多方面形成障碍。那么，懂得如何化解，便是十分重要的。

俗话说，多一个朋友多一条路，多一个敌人多一堵墙。

我们都知道这句话，也明白这个道理。但是，一旦知道别人做了对不起自己的事，仍免不了耿耿于怀。看到这个人时，轻则如陌路相逢，视若无睹，重则似仇人相见，分外眼红。

其实，冤冤相报何时了：他损害我在先，我怀恨于心在后，于是便费心费神地盯着他，一心想寻个机会，以牙还牙。

但静下心来想一想，报复之后又得到了什么呢？而为一时意气之争，图片刻之快，又会失去多少本该属于自己的快乐和轻松啊！费尽心机去精谋细划，绞尽脑汁来苦苦算计，最终换来的仅仅是别人的敌视与更深的怨恨，实在划不来。

平素与我们结怨的，多半是为利益冲突而起，或是为意气之争。为小利而结仇，可能损大利；为一时意气而结仇，可能惹大祸：都是得不偿失的事。在不违反做人原则的前提下，以德报怨不失为一种高明的处世之道：即使他与我们曾有过节，我们也应尽力做到不计前嫌；他大红大紫春风满面时，我们不妨锦上添花；他落魄困窘、山穷水尽时，我们不妨雪中送炭，用我们真挚的热情，融化冰封的情感，脱去彼此面容上冷漠的伪装；用我们的大度与宽容，擦去恩怨的污浊，让纯洁的灵魂更加透明。

这样，我们就无须绞尽脑汁劳心伤神算计别人，也不需紧绷神经，警惕一切动静，防人算计；我们可以不再担心自己得胜之时无人喝彩，也不用害怕陷入危难之际孤立无援。这样处世岂不堂堂正正？这样做人岂不轻轻松松？

林肯当选为美国总统后，他对政敌的态度引起了一位官员的不满。这位官员批评林肯说："你为什么试图跟那些敌人做朋友？你应该想办法去打击他们，去消灭他们才对。"林肯平静而温和地说："难道我不是在消灭我的敌人吗？当他们变成我的朋友时，就没有敌人存在了。"

面对"敌人"，大多数人的看法是毫不留情地把他消灭掉，因为对敌人的仁慈，就是对自己的残忍。这话听起来很有道理。但事实并非绝对如此，正如一位哲人所说的："我们的成功，也是我们的竞争对手造成的。"所以在一定的情况下要像林肯那样，用宽容的眼光去对待"敌人"，用宽容来"消灭"他。

兵法上说，攻心为上，攻城为下。在与"敌人"的竞争中，能征服对方的心，才是最伟大的胜利，而宽容豁达乃是取得这种胜利的必要条件。

用理解和原谅熬一服包容的汤药

一个不肯原谅别人的人，就是不给自己留余地，因为每一个人都有犯过错而需要别人原谅的时候。

——福莱

一位社交界的名人——戴尔夫人，来自长岛的花园城。戴尔夫人说："最近，我请了少数几个朋友吃午饭，这种场合对我来说很重要。当然，我希望宾主尽欢。我的总招待艾米，一向是我的得力助手，这一次却让我失望。午宴很失败，到处看不到艾米，而是另外的一个侍者来招待我们。这位侍者对第一流的服务一点概念也没有。每次上菜，他都是最后才端给我的主客。并且有一道菜是在很大的盘子里上了极少的芹菜，肉没有炖烂，马铃薯油腻腻的，糟透了。我简直气死了，我尽力从头到尾强颜欢笑，但不断对自己说，等我见到艾米再说吧，我一定要好好给他一点颜色看看。"

这顿午餐是在星期三。第二天晚上，听了关于为人处世的一课，我才发觉：即使我教训了艾米一顿也无济于事。他会变得不高兴，跟我作对，这样反而会使我失去他的帮助。我试着从他的立场来看这件事：菜不是他买的，也不是他烧的，他的一些手下太笨，他也没有法子。同时也许我的要求太严厉了，火气太大了。所以我不但准备不苛责他，反而决定以一种友善的方式作开场白，以夸奖来开导他。这个方法很有效。第三天，我见到了艾米，他带着防卫的神色，严阵以待准备争吵。我说，听我说，艾米，我要你知道，当我宴客的时候，你若能在场，那对我有多重要！你是纽约最好的招待。当然，我很谅解，菜不是你买的，也不是你烧的。星期三发生的事你也没有办法控制。我说完这些，艾米的神情开始松弛了。

艾米微笑着说："的确，夫人，问题出在厨房，不是我的错。"

我继续说道："艾米，我又安排了其他的宴会，我需要你的建议。你是否认为我们应该再给厨房一次机会呢？"

"呵，当然，夫人，当然，上次的情形不会再发生了！"

下一个星期，我再度邀人午宴。艾米和我一起计划菜单，他主动提出把服务费减收一半。当我和宾客到达的时候，餐桌上被两打美国玫瑰装扮得多彩多姿，艾米亲自在场照应。即使我款待皇后，服务也不能比这次更周到。食物精美，服务完美无缺，饭菜由四位侍者端上来，而不是一位，最后，艾米亲自端上可口的甜美点心作为结束。

散席的时候，我的主客问我："你对招待施了什么法术？我从来没见过这么周到的服务。"

她说对了。我对艾米施行了友善和诚意的法术。

理解是润滑剂，它能协调人与人之间的关系。不要睚眦必报，试着用原谅与理解对待一切，它会比所有的愤怒和暴力加起来更有力量。

宽容是一种涵养的体现。它包含了人与人之间最珍贵的谦让和理解，它要求人们在明白事理后，适当地放弃和退让。一分的宽容，会得来十分的回报。原谅别人，对方一般都会产生报恩心理，说不定哪一天就会给你一个惊喜。

有种人脾气暴躁、性格野蛮，将一切小事都视为滔天大罪不可饶恕。他们这样做并非是因为一时的狂怒，而是源于他们自己的禀性。他们对谁都加以指责，既指责这个人做过的某件事，又指责他将做的某件事。这暴露出一种比残忍还要可恶的性情，这种性情才真是糟糕透顶。他们批评别人总是夸大其词，把原本芝麻大小的事说成比西瓜还大，并予以全盘否定。他们如同不通情理的狱头，将天堂变成了牢狱。为激情驱使，他们事事都走向极端。而那些生性善良之人却能够原谅一切过失，认定他人用心良好或者只是不慎疏忽才犯下了错误。

在生活中，我们难免会与他人发生摩擦，这时，我们就应该多容人之过，学会原谅与理解。自己有理，心里知道就好了，千万不要得理就不依不饶的！

没有什么是绝对不变的，首先要相信我们自己的自控能力，也要学会友善和理解。对人更要多一分理解，多一分真诚，友善和理解是个重要的环节，让我们都学会多点友善、多点真诚，学会爱自己，爱自己身边的人。

多一些宽容、就少一些争吵；多一些宽容，就少一些埋怨；多一些宽容，就少一些猜疑；多一些宽容，就少一些摩擦；多一些宽容，就少一些忧愁。多一些宽容，就多一份爱心；多一些宽容，就多一份开心；

多一些宽容,就多一份信任;多一些宽容,就多一片辽阔天空;多一些宽容,就多一片灿烂的阳光!

放下仇恨,心灵才能自由平和

如果没有宽恕之心,生命会被无休止的仇恨和报复所支配。

——阿萨吉奥利

第二次世界大战期间,一支部队在森林中与敌军相遇,经过一场激战,有两名来自同一个小镇的战士与部队失去了联系。他们俩相互鼓励、相互宽慰,在森林里艰难跋涉。

十多天过去了,他们仍然没有与部队联系上,靠身上仅有的一点鹿肉维持生存。他们巧妙地避开了敌人。然而,这时走在前面的安德森却出乎意料地中了枪。子弹打在安德森的肩膀上,他的同伴跑过去,抱着安德森泪流满面,嘴里一直念叨着自己母亲的名字。

后来,他们都被部队救了出来。此后30年,安德森假装不知道此事,也从不提及。安德森后来在回忆起这件事时说:"战争太残酷了,我知道向我开枪的就是我的战友,知道他是想独吞背在我身上的鹿肉,知道他想为了他的母亲而活下来。直到我陪他去祭奠他的母亲的那天,他跪下来求我原谅,我没有让他说下去,而且从心里真正宽恕了他,我们又做了几十年的好朋友。"

安德森在得知自己的战友对自己开了黑枪之后,完全可以将他置于死地，但安德森竟然从战争对人性的扭曲，人求生存、求团圆的天性上宽恕了他的战友，依然与曾经想杀害自己的人做了几十年的朋友。

出于自身的健康与幸福考虑，学习宽恕敌人，甚至忘了所有的仇恨，也可以算是一种明智之举。有句名言说："无论被虐待也好，被抢掠也好，只要忘掉就行了。"

在我们对自己的对手心怀仇恨时，就等于给了他们制胜的力量：给了他们机会来控制我们的睡眠、胃口、血压、健康，直至我们的心情。

憎恨伤不了对方一根毫毛，却把自己的日子弄得像生活在地狱中一般。莎士比亚说过："仇恨的烈焰会烧伤自己。"报复别人为何会伤及自己呢？《生活》杂志曾载文讲报复会毁了人的健康。文章说道："高血压患者最主要的个性特征是容易仇恨，长期的愤恨造成慢性心脏疾病，导致高血压的形成。"

在生活中，我们可能会遭到别人的误会甚至伤害，而如果对此一直耿耿于怀，就会对我们的心理乃至生理健康带来伤害。反之，忘记和宽恕那些事、那些人，则对我们的健康大有益处。

俗话说："勺子总会碰锅沿，脚板总要擦地皮。"在交往过程中，人和人之间难免会有一些摩擦，但是请记住"在这小小的天地里，我们大家生活在一起"这个道理。既然如此，还有什么大不了的事值得你总是耿耿于怀呢？要知道，没有度量的人，是干不出什么事业，成不了什么气候的。

面对别人的伤害，有的人选择了逃避，有的人选择了怨恨，有的人则极端地选择了报复。然而，最明智的选择却是宽恕。

宽恕是放下，是力量。亲人之间的误会、矛盾，就如同挡在人们面前的一根立柱，只要轻轻地绕过去，继续前行就可以了。当回过头来看时，这些矛盾和误会其实很渺小，不值得一提。并且，亲人之间的误会和矛盾在得到互相宽恕之后，立刻会转化为一股强大的力量，让亲情更牢固，彼此从中获取的利益比以往任何时候都更多。

因此，与其恨我们的对手，何不让我们同情他们，并感谢苍天没有让我们跟他们有同样的生活。与其诅咒、报复我们的对手，何不给他们以谅解、同情、帮助、宽容和祝福呢。

要培养内心的平静与快乐，就请记住：永远不要尝试去报复我们的对手，那样对自己的伤害将大大超过给予他人的。绝对不要把时间浪费在仇恨上，哪怕是一秒钟。

宽恕是一种非凡的气度，一种宽广的胸怀，更是一种高贵的品质，一种崇高的境界。宽恕错误绝不是纵容对方犯错，更不是对对方的错误视而不见，听而不闻，不管不问，而是需要用一颗平常心去对待，对其正确引导，给予其改过的勇气与机会。

用包容之心去面对生活

生活中有许多这样的场合：你打算用愤恨去实现的目标，完全可能由宽恕去实现。

——西德尼·史密斯

电视剧《京华烟云》中的姚木兰就有一颗包容之心。

木兰本来有一位情投意合的意中人，但阴差阳错，她不得不离开心爱的人，代妹出嫁，嫁给了她不爱、也不爱她的曾荪亚。在木兰的心里，既然入了洞房，成了夫妻也算是缘分，就要好好珍惜，在婚姻里培养感情。但荪亚是一个极具叛逆性格的人，他不喜欢被人管教，也不接受这桩婚姻，他爱上了小鸟依人的曹丽华。木兰得知之后，没有大吵大闹，反而找到曹丽华，和她谈话，以自己的包容大度使曹丽华心生愧疚。为了搭救落难的曹丽华，木兰甚至忍辱向京城恶少深鞠一躬，要知道，她救的可是自己丈夫的情人！不仅如此，她还和丈夫一起把身子羸弱的曹丽华接回家里照料，这无异于引狼入室，聪明的木兰岂能不知？

木兰在等待，等待丈夫明白作为男人应负的责任，木兰是在以一个女人极大的善良和忍耐力在包容自己的丈夫和自己的情敌。她心里不苦吗？苦！在一个风雨交加的夜晚，荪亚担心曹丽华害怕，偷偷地跑去陪她，他走之后，装睡的木兰痛哭失声。即便如此，在曾家人准备趁荪亚出国留学不在家，强迫曹丽华嫁人时，是木兰及时帮助她逃了出去。木兰的所作所为，不仅是在挽救自己的婚姻，而且是她包容善良的人格促使她去帮助一切需要帮助的人。

生活的种种磨难终于使荪亚成熟了，他真正认识到："这么多年，躺在我身边的，才是最值得我珍爱的人。"

包容大度是人的一种绝佳自在心态，蕴含着温暖的凝聚力，显示了非凡的气量，散发出仁爱的光芒。人生万象，无不充满着对立、矛盾，如何寻求两者间的协调，达至和谐呢？这就需要我们扩大自己的胸襟和容人之道，不要以狭隘的眼光去看待人和事，无理取闹，

过分苛责，而是用宽大、通达的心和眼光来细细打量，真实地感知生活，享受生命的美好。

生活中，一些人留给别人的印象往往是苛刻的，人应该学习以平和包容的心去面对生活。包容是人的一种生存智慧，是看透了人性以后所获得的从容、自信、超然和大度。

在社会生活中，尤其是面对亲情、友情、爱情时，人难免会遇到意见相左、矛盾激化的事情，若没有冒犯到自己的原则，你不妨包容对待、不计得失、以心换心。亲人之间，包容大度会让人倍觉温馨祥和，温情脉脉；朋友之间，包容大度能弥合双方的矛盾，沉淀心底的珍惜；爱人之间，包容大度能消除不和谐的画面，让爱变得甜蜜、长久。人是生活在天堂还是地狱，全在自己，若你具备包容的心就会永远在天堂，享受如沐春风的人间温情。

包容大度是人涵盖万物、宏观处世的人生心态，是良好修养、高雅风度的体现，是仁慈善良、超凡脱俗的生动演绎，如此面对生活、人生，你才能拥有平静从容的心，活得更轻松、洒脱。

让我们多一点理解，少一点猜疑；多一点理智，少一点偏执；多一点安慰，少一点埋怨。请相信，用包容的胸襟看待他人，就是用包容的胸襟接纳我们自己，多一点对他人的大度，我们的生命中就多了一点空间，我们就会多一份快乐，拥有更和谐的氛围、更长久的幸福！

包容让家庭和睦，充满温情

智慧的艺术就是懂得该宽容什么的艺术。

——威廉·詹姆斯

老公爱打麻将，交的朋友也常常是麻坛干将；不善读书，常读的文章就是关于足球的报纸；不善交际，尤其不喜欢和领导拉关系；固执保守、刚愎自用；脾气暴躁、性情单调……咳！我要托付终身的老公，哪是这样子的呀？

日子一天天地过去，平淡的婚姻生活没有一点转机，我无法忍受下去，决定出国去姑妈那边散散心。老公一直不同意我去。在办手续的那段日子，我依然与平时一样偶尔打理一下家务，擦一擦地板，洗洗衣服。我以为要和老公会有一场艰苦的谈判，或者亲朋好友的好心劝说，抑或是一场恶吵，然后各走一方……

出国的日子一天天临近，心上的坚冰却一天天地在消融。试想能容忍女人较少料理家务的男人应该是宽容的，能迁就女人撒泼使性的男人是有涵养的，知道关心老婆和家人该是个有心的男人，从不把香烟和烦恼带进家里的男人是沉稳有责任心的男人……从此，我拿另一只眼睛看老公，发现他的优点还真不少。

老公爱打麻将，却从不主动约局，往往是被别人三缺一叫走凑局；

对他喜欢的事情着迷到了忘我程度,这就是执着;为了看足球世界杯,他可以一夜不睡,八一队赢了一场球,他高兴得手舞足蹈;老公不善交际,却有着良好的群众基础,他走到那儿,总有很多人聚到他身边一起侃大山;他的固执准确说是定性,现代社会诱惑多多,没有定性怎么成!保守嘛,是有一点儿的,男人保守点儿不就是女人的福分?性情暴躁却不失温情,去年的生日他还送了一束当时怎么看都难看的花……

哎,平时怎么没有用另一眼睛看老公呢?老公居然有如此多的优点。

每个人都有他的优点和缺点,在两个人一起生活的婚姻殿堂里,难免会有一些磕磕碰碰,整天在一起,同在屋檐下,哪有锅边不碰勺子的。这就需要互相的包容,互相的理解,最好不要拿着显微镜审视,而是眯起眼睛看你的伴侣吧。

包容对于一个家庭来说是尤为重要的。在长期的家庭生活中,它是吸引对方爱护家人的最终力量,它不是浪漫,而是一个人性格的明亮。这种闪光点是一个人最吸引人的个性特征,而这种性格特征的底蕴在于一个人怀有的孩童般的包容。

当然,包容也不是没有底线的。因为,包容不是妥协,尽管包容有时需要妥协;包容不是忍让,尽管包容有时需要忍让;包容不是迁就,尽管包容有时需要迁就。

包容更多的是爱,在相爱中,爱人应该是我们的一部分。在这个前提下,甚至于婚姻的错误有时也会成为一种营养,它的意义不是教会我们如何谴责,而是教会我们如何避免。即便无法避免爱情的悲剧,最终到了各奔东西的时候,包容的人也不会忘了说声:"夜深天凉,快去多穿一件衣服。"因为一个犯了错误的人,他也许正在内心谴责着自己,而且在这句话中，你不但在给自己机会，同时也在给别人机会。

当你懂得包容，也就学会了善待自己，从而使自己保持自在的人生态度，增加点浪漫的情调，培养点超常的品位，开阔一下自己的眼界，提高一下自己的生活质量。你会发觉，自己过得好了，一切也都好了。

章含之的《跨过厚厚的大红门》中有这样一段话："有一次，别人看到乔冠华从一个瓶子里倒出各种颜色的药片往口里倒，很奇怪，问他吃的是什么药。乔冠华说：'不知道，含之装的。她给我吃毒药，我也吞！'"

乔冠华是何等人物，但他在生活方面却非常依赖章含之。晚年乔冠华只能躺在病床上，生活不能自理，偶尔还会发发小脾气，章含之依然耐心地端水擦身，从无一日懈怠。其实每一个深深爱着的人，都会心甘情愿地献出自己的一切，去悉心地照料、包容所爱的人。

包容，能体现出一个人良好的修养、高雅的风度。包容是仁慈的表现、超凡脱俗的象征，任何的荣誉、财富、高贵都比不上包容。包容是一篇优美的乐章，可以让你心情愉悦。做个包容的人，你就选择了快乐，你将成为朋友眼中最有风度的人。

邻里之间要相互忍让包容

一个伟大的人有两颗心：一颗心流血，一颗心宽容。

——纪伯伦

一位妇人同邻居发生纠纷，邻居为了报复她，趁夜偷偷地放了一个骨灰盒在她家的门前。第二天清晨，当妇人打开房门的时候，她深深地震惊了。她并不是感到气愤，而是感到仇恨的可怕。是啊，多么可怕的仇恨，它竟然衍生出如此恶毒的诅咒！竟然想置人于死地而后快！妇人在深思之后，决定用宽恕去化解仇恨。

于是，她拿着家里种的一盆漂亮的花，也是趁夜放在了邻居家的门口。又一个清晨到来了，邻居刚打开房门，一缕清香扑面而来，妇人正站在自家门前向她善意地微笑着，邻居也笑了。

一场纠纷就这样烟消云散了，她们和好如初。

包容敌手，除了不让他人的过错来折磨自己外，还处处显示着你的淳朴、你的坚实、你的大度、你的风采。那么，在这块土地上，你将永远是胜利者。只有包容才能愈合不愉快的创伤，只有包容才能消除一些人为的紧张。学会包容，意味着你不会再心存芥蒂，从而拥有一份流畅、一份潇洒。

学会包容，是一种美德、一种气度，因为你能容他人不能容，所以你也必将拥有别人不能拥有的。禅者说："量大则福大。"

包容问题的过程也是"互补"的过程。别人有了过失，若能予以正视，并以适当的方法给予批评和帮助，便可避免大错。自己有了过失，也不必灰心丧气，一蹶不振，同样也应该吸取教训，引以为戒，取人之长，补己之短，重新扬起工作和生活的风帆。

包容残缺是一种美，当你选择包容时，你就给了这个世界无比的荣耀。而你将得到这世界最美的祝福。

包容是一剂良药，医治人心灵深处不可名状的跳动，滋生永恒的人性之美。我们不仅要包容朋友、家人，还要包容我们的敌人、对手。在非原则性的问题上，以大局为重，你会体会到心灵的喜悦，化干戈为玉帛的喜悦，人与人之间相互理解的喜悦。要知道你并非踽踽独行，在这个世上，虽然人们各自走着自己的生命之路，但是纷纷攘攘中难免有碰撞。如果冤冤相报，非但抚平不了心中的创伤，而且只能将伤害捆绑在无休止的争吵上。

在生活中，我们难免与人发生摩擦和矛盾，其实这些并不可怕，可怕的是我们常常不愿去化解它，而是让摩擦和矛盾越积越深，甚至不惜彼此伤害，使事情发展到不可收拾的地步。用包容的心去体谅他人，真诚地把微笑写在脸上，其实也是善待我们自己。当我们以平实真挚、清灵空洁的心去宽待对方时，对方当然不会没有感觉，这样心与心之间才能架起沟通的桥梁，这样我们也会获得宽待，获得快乐。

可见，做一个大度的人是多么重要，当我们潜心求学的同时，不妨也来修身养性，培养自己的宽大、豁达心怀，对于别人的缺点尽量包容些。

包容别人你不会有什么损失，反而还会得到别人的尊敬、信任、誓死效力，何乐而不为呢？

一个人能否以自在的心态对待周围的一切，是一种素质和修养的体现。大多数人都希望得到别人的包容和谅解，可是自己却做不到这一点，因为总是把别人的缺点和错误记在心上，只能给自己带来烦恼和怨恨。

宽恕是制止报复的良方

有时宽容引起的道德震动比惩罚更强烈。

——苏霍姆林斯基

一位吃人女巫极力想追捕一位圣人的女儿和她的婴儿。当圣人的女儿知道释迦牟尼在寺院宣扬教义时，她去拜访佛陀，并将她的儿子放在他的脚下，请求他的祝福。女巫原本被禁止进入寺院，但在释迦牟尼的示意下，女巫也获准入内，释迦牟尼同时为吃人女巫和圣人之女赐福。

释迦牟尼说她们俩的前世中，有一人一直无法怀孕，所以她的丈夫娶了另一个女人。当大老婆知道另一个女人怀孕时，她将药放入食物中，使另一个女人流产了。她用同样的伎俩，直到第三次使得会怀孕的女人因此而死亡。在死之前，那位不幸的女人在盛怒下，诅咒将报复大老婆和她的后代。

她们因以往竞争中所引发的不和，导致世世代代都带着仇恨，相互残害对方的婴儿。女巫想杀死圣人之女的婴儿，只不过是深植于心中的仇恨的延伸罢了。

报复心只会带来更多的仇恨，只有以德报怨才能消弭仇恨。在清楚她们俩的错误后，她们接受了释迦牟尼的劝告，决定和平相处。

宽恕并制止报复是最高尚的事情，往者往矣，覆水难收，一个聪明人更多地考虑现在和未来，绝不会枉费心力在已经过去的事情上。再说，专门为了犯错而犯错的人基本上没有，他们都是为了追逐自己的利益、快乐或荣誉罢了。

当一个人遭受某种人为的打击时，自然而然就会有一种报复的冲动。可以说，报复行为体现的是一种以武力解决问题的方式。报复或许能获得一时快感，但是，如果你能够大度地原谅别人对你的不敬和冒犯，你就会比这位冒犯你的人更高一筹，你所获得的喜悦是长久的、永恒的，是一种本能的自我满足。

人若不忘报复，就会使其本来可以康复的伤口永远无法愈合。不仅如此，更甚的是，怀恨在心以至于不复仇就不罢休的人，其生活有如巫婆一般，他们的存在是有害的，死去则又是可叹可悲的。

报复心是极其有害的。一个人若心存报复，自己所受的伤害会比对方更大，报复不仅会使一个好端端的人走向疯狂的边缘，还能把自己从无罪推向有罪。因此，我们都要学会宽恕。

宽恕是制止报复的良方。宽恕是给予，是奉献，是人生的一种智慧，是建立人与人之间良好关系的法宝。一个善于宽恕的人，不会被世上不平之事摆弄，即使受到他人的伤害，也绝不会冤冤相报，因为宽恕会时时提醒他——邪恶到此为止！

第三章
做事先做人，成大事先做大写的人

　　品格源自内心，因此，高尚的品格能够最精确地预测一个人的行为。无论做人还是做事，具有良好的品格都是最基本的出发点。品格可以弥补智慧上的缺陷，但智慧永远弥补不了品格上的缺陷。品格如果存在缺陷，做事就没有成功可言。做一个具有良好品格的人，这是我们大手笔做人的底线，因为良好品格正是上天赐给我们的最珍贵的奖赏。

德行是至高无上的操守

人在智慧上应当是明豁的，道德上应该是清白的，身体上应该是清洁的。

—— 契诃夫

战国时期，魏国的公子信陵君最爱招揽天下贤能之士。当时有一个年过七十却只做了个看守大梁东城门的小吏的隐士，叫作侯嬴，他家境贫寒，但颇有才华。信陵君很希望将他纳入自己的门下，于是亲自去拜访侯嬴，并馈赠他极为贵重的礼物。但令信陵君万万没有想到的是，侯嬴竟然婉言谢绝了。

一天，公子府大摆筵席。当酒席摆好后，信陵君带着随从亲往东城门迎接侯嬴。侯嬴也不谦让，直接坐到信陵君的身边，企图用自己的傲慢无礼激怒信陵君。而信陵君却还亲自驾驶马车，态度丝毫也没有不恭敬。刚走出不远，侯嬴就对信陵君说："我有个朋友在屠宰场，您能送我去看他吗？"信陵君毫不犹豫地就将车赶到了屠宰场。

侯嬴见到自己的朋友朱亥后，故意把信陵君晾在一边，而自己却和朋友谈话。侯嬴一边谈话，一边注意观察信陵君的反应，他发现信陵君的脸色更加温和。因为信陵君的亲朋好友都在等着他回去开席，他的随从都暗骂侯嬴不识抬举，市人也都好奇地观看着眼前所发生的一切，可信陵君自始至终都和颜悦色。

来到公子府，侯嬴被信陵君请到了上座。信陵君还向他介绍了在座的宗室、将相，并亲自为他敬酒。直到这时，侯嬴才为信陵君的修养与德行所折服。

信陵君能够招揽到侯嬴，当然获益匪浅。首先，在大庭广众之下，信陵君亲自驾驶马车迎接侯嬴，并在闹市站了很久，让市人围观，实际上成就了自己礼贤下士的美名；其次，侯嬴后来还向信陵君举荐了朋友朱亥，并和朱亥一起帮助信陵君完成了击退秦军的壮举，成就了信陵君的事业。其实信陵君当时就知道侯嬴的一切举动都是在试探自己，于是他就摆出了一副虚心温和、谦恭大度的姿态，把侯嬴及朱亥纳入自己的麾下。由此看来，信陵君没有糊涂，忍了一时的无礼，却成就了自己一世的英名。

在任何时代、任何国家，德行永远是至高无上的操守。

德行就是"德"，是人的品行，自古"才"与"德"并重，形容一个人最好的词语就是"德才兼备"。因而，要走向成功，需要以德立身，这是一个成功者必须确立的内在标准，没有这个内在的标准，人生之路就会失去支撑，最终必然导致失败。

在人际交往中，一个人道德品质和修养的高下，是决定与他人相处得好与坏的重要因素。道德品质高尚，个人修养好，就容易赢得他人的信任与友谊；如果不注重个人道德品质修养，就难以处理好与他人的关系，交不到真心朋友。

一个人如果只对自己好，那么必将故步自封，最后成为孤家寡人。

这样的人，不会有人愿意和他在一起。

以德立身，还必须以自律为前提，一味讲"哥们儿义气"并不在以德立身之列，俗话说："近朱者赤，近墨者黑。"在社会上，缺德之友最终会成为自己成功路上的定时炸弹。例如，明知贷款不合手续，但因为对方是朋友，所以大开绿灯；明知这个项目不能担保，因为受朋友的委托，所以还是办妥了。诸如此类经济犯罪案件多数发生在年轻人身上，他们重朋友、讲义气，交往中自以为彼此很了解底细，因此在合作中绝对信任对方，毫无防备，不能办的事也不好意思拒绝。这样，如果被缺德之人利用，必然会毁了自己的前程。

天下最让人喜欢的人，就是有德之人。他们总是按照良心法则去做人做事，从而能赢得人心。一个人能够赢得人心，周围就有一大批朋友。朋友是帮助你走向成功的资本。有德之人朋友遍天下，无论走到哪里都有一碗饭吃。中国有句俗话："在家靠父母，出门靠朋友。"这里所说的"靠"，不是依靠，而是大家靠在一起，不把自己孤立封闭。这样，才能风调雨顺，马到成功。有德之人具有极大的感应力与亲和力，根本无须去刻意寻找，自然就会有人来找你，来帮助你！

古人讲为帅要有五德：勇、毅、仁、智、信。缺一不可。这五德是常人难以同时具备的。正因为不同寻常，才具有强大的人格感召力和征服力。道理很简单，我们不会完全信赖一个跟我们差不多的人，除非他具有某种我们特别欣赏又高不可及的东西，我们才会崇拜他，并乐于服从他。所以，你想集合众人的力量干大事业，必须修炼杰出的人格魅力。

以德立身贯串于每个人的一生，是一个人做人最根本的原则。

做人要有道德，道德是成就事业的第一步。没有道德，就不能完善自我。道德没有统一的标准，德的前提就是尽量帮助别人，做有利于自己和他人的事，而不损人利己。

培养自己独特的气质

做一个杰出的人，光有一个合乎逻辑的头脑是不够的，还要有一种强烈的气质。

——司汤达

富兰克林是美国资产阶级革命时期的民主主义者、著名的科学家，他一生受到人们的爱戴和尊敬。但是，富兰克林早年性格非常乖戾，无法与人合作，做事经常碰壁。富兰克林在失败中总结经验，他为自己制订了11条行为规范，并严格地执行，他很快为自己铺就了一条通向成功的道路：

正义：不做任何伤害或者忽略别人利益的事。

真诚：不做虚伪欺诈的事情。做事要以诚挚、正义为出发点，如果你要表达见解，必须有根有据。

谦逊：要向苏格拉底学习。

勤奋：不要荒废时间，永远做有意义的事情，拒绝去做那些没有多大实际意义的事情，对于自己的人生目标永不放弃。

节制：食不过饱，饮不过量，不因为饮酒而误事。

节约：除非是对别人或是对自己有什么特殊的好处，否则不要乱花钱，不要养成浪费的习惯。

缄默：讲话要利人利己，避免浪费时间的长篇大论。

秩序：把所有的日常用品都整理得井井有条，把每天需要做的事排出时间表，办公桌上永远都不凌乱。

决断：决心履行你要做的事，必须准确无误地履行你所下定的决心，无论什么情况都不要改变初衷。

克制：避免极端的态度，克制对别人的怨恨情绪，尤其要克制冲动。

镇静：遇事不要慌乱，不管是普通的琐碎小事还是不可避免的偶然事件。

气质是一个人内在涵养或修养的外在体现，是不自觉的外露，而不是表面功夫。假如胸无点墨，任凭用再华丽的衣服装饰，这个人也是毫无气质可言的，反而给人一种很肤浅的感觉。因此，假如想要提升自己的气质，做到气质出众，除了穿着得体、说话有分寸之外，还要不断提高自己的知识、品德修养，不断丰富自己。

从人群中走过时，你能够从那些匆匆而过的行人中间发现哪些人是人生的成功者、哪些人是人生的失败者吗？其实，区分他们很简单。一个最为直观的鉴别方式就是看他们是否拥有良好的气质，成功者走路的姿势、速度、眼光、表情、神态是迥然不同的，也可以说他们都拥有成功者的气质。他们行走的速度是快捷的，目光如剑，神态自信，你会发现他们周身都洋溢着一种目光远大、自立自信自强的气质。当然也不排除这样一些人，他们在某一方面，比如事业上取得了极大的成功，看起来却并没有什么气质，那这样也只能算作是一种片面的成功，而称不上是一个真正的成功者。

真正的成功者首先要有良好的气质，这是一种视觉上的标识。有些人或许会说，我现在只是一个平凡的人，没有必要去培养成功者的气质，在我取得了所追求的事业成功之后，我就必然有了成功的形象。事实上，这种想法是很不正确的。你必须在取得你所期望的成功之前，塑造好你成功的自我形象，培养你良好的气质。成功者的视觉标识，有两层意思：一层意思，良好的气质作为这种视觉标识，则指它是成功者成功的前奏，是一种征兆；另一层意思是指这种良好的气质是成功者的一种标志。没有这种良好的气质，就算不上是一个真正的成功者。

那些杰出人物的身上，都有一种成功的气质。很多伟大的人物一生中坎坷多难，但是他们愈挫愈勇，仿佛自己就是一切事物的主人，就是一切行动的统帅，前方那个巨大的胜利就等待他们去获取，眼前的一切困难都是暂时的，都必定被他们克服。这种成功的气质，我们每一个人都有，只是有的人把它挖掘出来，而有的人让它终生沉睡。

无论你现在是贫是富，也不管你处于什么位置。"成功者气质"正是让你越过一些既定的标准而鹤立鸡群的某种特质。想象一下你所到之处，假如有个人有着特殊的成功者的气质，他就会像磁铁一样，不管他站在哪里，身边总是有一堆人围绕着他。不管他的头衔是什么，总是不由得令人肃然起敬。虽然你并不怎么富有，但你也希望能获得他人对你的尊敬。想要达到自己的目的，就要付出。要想拥有成功者的气质，你必须按部就班，在每一个阶段都要进行培养，日积月累才会有所收获。

成功者的独特气质，可以通过身体的各种动作，如站姿与坐姿、走路的样子、说话的姿势或一颦一笑等表现出来。自然而毫不做作的动作所流露出的权威感，就像一条无形的绳子，牵引着对方，使对方在不自觉中为你所吸引。究竟是什么样的动作才具有如此特殊的吸引力呢？很简单，稳重的步伐、有力的握手、充满自信的眼神、从容不迫的气度等！这些，都将使对方产生"与你认识，是我的光荣"的感觉，以及"与这个人谈判，千万不得无礼"的自我警惕。在这样的情况下，你的各种能力都会有所提高。

但是，气质不是学来的，而是培养出来的。虽然你是平凡人，也可以多学一些东西，例如学跳舞、学交际。有句话说"近朱者赤，近墨者黑"，还是很有道理的，你可以接近一些气质好的人，想成为什么人，就和什么人做朋友，亲君子，远小人。时间长了，气质就自然而然地流露出来了。

因此，任何时候，不管你是成功还是失败，都应有着成功者的从容不迫和微笑，这就是成功者应有的气质。

以忠信笃敬走遍天下

人的一生最重要的是守信，我现在就算有多十倍的资金，也不足以应付那么多的生意，并且许多是他人找我的，这些都是为人守信的结果。

——李嘉诚

西汉初年有一个叫季布的人，他为人正直，乐于助人，特别是非常讲信义。只要是他答应过的事，无论有多么困难，都一定要想方设法办到，所以在当时名声很好。

季布曾经是项羽的部将，他很会打仗，几次把刘邦打败，弄得刘邦很狼狈。后来项羽被围自杀，刘邦夺取天下，当上了皇帝。刘邦每想起败在季布手下的事，就十分生气。愤怒之下，刘邦下令缉拿季布。

幸好有个姓周的人得到了这个消息，秘密地将季布送到鲁地一户姓朱的人家。朱家是关东一霸，素以"仁侠"闻名。此人很欣赏季布的侠义行为，尽力将季布保护起来。不仅如此，还专程到洛阳去找汝阴侯夏侯婴，请他解救季布。

夏侯婴从小与刘邦很亲近，后来跟刘邦起兵，转战各地，为刘邦建立汉王朝立下了汗马功劳。他很同情季布的处境，在刘邦面前为季布说情，终于使刘邦赦免了季布，还封他为郎中，不久又任命他为河东太守。

在中国传统文化中，诚信是一个非常重要的核心观念。《礼记》的"诚者，天之道也；诚之者，人之道也"，《春秋左氏传》的"信，国之宝也，民之所庇也"，哲人的"言而无信，不知其可也"，诗人的"三杯吐然诺，五岳倒为轻"，民间的"一言既出，驷马难追"，都是在说诚信的重要。

什么是诚信？诚，即真诚、诚实；信，即守承诺、讲信用。诚信的基本含义是守诺、践约、无欺。通俗的表述就是：说老实话、办老实事、做老实人。

一个讲诚信的人，他的自我是纯真的、稳定的、健康的，体现出一种理想的道德力量和意志力量，为他人所信赖。率真是真诚的另外一种重要的品质，它指的是一个人能如实地展现自己，不自欺欺人，这是建立在真实基础上的自尊自重。莎士比亚在《哈姆雷特》中说:"对自己要诚实,才不会对任何人欺诈。"由此,真诚与守信用是一个人自尊自重的表现。

一个人诚实守信与否,涉及他是否有自尊自重的素质。西塞罗说:"没有诚信,哪来尊严。"诚信的人必然能够得到他人诚信的回报。在与他人交往中,我们先要以诚待人、相信他人,这应当是交友处世的第一原则。要知道:"隐瞒真实,就是骗自己。"至于他人会对我们怎样,那是另外一回事。在人际交往中,我们自然能够积累经验,用不着过于担心被蒙骗。

做人做事也是如此,要想赢得别人的信任,继而有一番成就,离不开一个"诚"字。一个人要做到诚信并不是一件简单、容易的事情,必须具备诚信的世界观,养成诚信的品格,在生活、学习和工作中处处以诚为本,凡与诚信相符者就做,与其相悖者坚决不做。

为人,首先要学会做人,其次要学会做事。然而,无论是做人还是做事,都离不开一个"诚"字。古代交朋友讲究"肝胆相照",现代交朋友讲究"一诺千金"。我们在做人方面一定要紧守诚信美德。因为诚信可以让我们交更多的朋友,让我们获得更多的信赖,使人生之路更加顺畅。

诚实守信,在社会交往中有着十分重要的作用。一个人说话实实在在,说到做到,就会使人产生信任感,愿意同他交往、合作。相反的,轻诺寡信,一而再、再而三地自食其言,必然要引起人们的猜疑和不满。只有彼此守信,友谊才会持久。因此老子"信不足焉,有不信焉"的智慧,仍然是现代人立足的法宝。

品格是人生的王冠和荣耀

凡建立功业，以立品德为始基。从来有学问而能担当大事业者，无不先从品行上立定脚跟。

——徐世昌

弗兰西斯·霍纳的一生就有力地说明了这一点。悉尼·史密斯认为，人们会前仆后继跟随霍纳的足迹。

霍纳的价值和启示在于他的一生激励着每一个正直的年轻人。霍纳38岁去世，但比很多人对公众的影响都大。所有人都尊敬、热爱、信赖和哀悼他，除了没有良心、品格低下的人。

也许有人要问，霍纳是怎么做到这一点的？是因为他的出身？他只是爱丁堡一个商人的儿子。是因为他有钱？也不是，他的亲戚都不富裕。靠官位吗？他只有一个职务，而且只干了几年，并没有什么影响，工资也不多。靠他的能力？而他并不出色，也不是什么天才。他谨小慎微，唯一的目标就是不出差错。靠他雄辩的口才？他语调平和，意味深长，没有咄咄逼人的气势，也不会花言巧语。是他迷人的风度？他只是不做错事、平易近人而已。那到底是什么呢？靠他的见识、勤劳、克制和善良的品质，靠他人格的力量。

这种品质不是与生俱来的，也没有什么特别的因素，而是靠他自己的培养。在参议院中，有很多比他更有才华、口才更好的人，但是，没有人的道德价值比他更大。霍纳的一生表明，平凡的能力借助高尚的品格就可以功成名就，因此，品格是人最大的财富。

一个人即使没有文化，能力平平，但只要品格高尚，不管他是在工地、在商场、在小型企业，还是从事其他工作，他总会产生一定的影响。

富兰克林也把他的成功归因于正直诚实的品格，而不是他的才能或演说能力，因为他在这些方面都没有什么出众的地方。他说："人们都很看重我。我口才很差，从来不能口若悬河，有时候还结结巴巴，而且经常出错。不过我还是能准确地表达自己的意思。"地位低的人和地位高的人一样，高尚的品格给人以信心。

诚实、正直和善良，虽然不是命运攸关的东西，却是一个人品格的本质所在。具有这种品质的人，一旦和坚定的目标结合起来，他就有了无比强大的力量。他就有力量做善事，有力量抵制邪恶，有力量战胜各种困难和不幸。

厄斯金爵士坚持真理，一丝不苟，是值得每一个年轻人铭刻在心的榜样。他说："我青少年时代就坚持一条准则，做我的良心让我做的事情，上帝会有公论。我会一直坚持这条原则，直到走进坟墓。我严格地遵循它，从不抱怨那是一种牺牲。相反，我却从此找到了发财致富的道路。我还会把这条道路指引给我的孩子们。"

品德修炼是心灵完善之根本

对一个人的评价,不可视其财富出身,更不可视其学问的高下,而是要看他的真实的品格。

——培根

李嘉诚很重视人品的高下,一个人仅仅才华出众是不够的,还要有上等人品。他喜欢诚实的人,对那些做事自私、不够诚实的人,尽管十分聪明,也会请他走人。

李嘉诚的这种态度来自童年时代的一件往事。那是1943年的冬天,这个冬天深深地刻在他的记忆深处,是他一生中最难以忘怀的。

当时,父亲的去世使李嘉诚对那渗透他幼弱的身躯,由肉体达到心灵深处的酷寒感到不堪忍受,更使他觉得整个世界像一座巨大且黑暗的冰窖,似乎人世间的最后一丝热气也被父亲带走了。

然而,即使这样,他还是咬紧牙关、鼓足勇气,希望自己能够带领全家平安地度过这个肃杀凄凉的冬天。

为了安葬父亲,李嘉诚含着眼泪去买坟地。按照当时的交易规矩,买地人必须付钱给卖地人之后才可以跟随卖地人去看地。他将买地钱交给他们之后,便半步都不肯离开,坚持要看地。山路出奇地泥泞，不时夹带着雨点，寒意逼人的北风迎面而来……

仍旧沉浸在失去父亲的巨大悲痛中的李嘉诚，想着这连日来和舅父、母亲一起东奔西走，总算凑足了这笔安葬父亲的费用；想着自己能够亲自替父亲买下这块坟地，心里总算有了一丝慰藉。这两个卖地人走得很快，他一步接着一步地紧跟不舍。然而，不幸的是卖地人见李嘉诚是一个小孩子，以为好欺骗，就将一块埋有他人尸骨的坟地卖给他，并且用方言商量着如何掘开这块坟地，将他人尸骨弄走……

可是，他们并不知道，李嘉诚听得懂方言。他震惊地想，世界上居然有人如此黑心、如此挣钱，甚至连死去的人都不肯放过。想到父亲一生光明磊落，即使现在将他安葬在这里，九泉之下的父亲也是绝对得不到安眠的。而且，他也深知这两个人绝不会退钱给他，但他还是告诉他们不要掘地了，自己再另找卖主。

这次事件深深地留存在李嘉诚的记忆深处，使他不仅受到了一课关于人生、关于社会真实面目的教育，而且对于即将走上社会、独自创业的他来说，这是第一次付出沉重的代价所吸取的相当痛苦的教训，也是在道义和金钱面前如何抉择的第一道难题。这促使李嘉诚暗下决心：不管将来创业的道路如何险恶，不管将来生活的情形如何艰难，一定要做到生意上不能坑害人，在生活上乐于帮助人。

李嘉诚觉得，一个人的成功不在于他获得了多少财富，也不在于他做了多大的官，而最主要的是一个人的品德修炼。品德是心灵之根本。品德构成你的良知，使你明白事理，而非只根据法律或行为守则去判断是非。正直、诚实、勇敢、公正、慷慨等品德，在我们面临重要抉择之时便成为我们成功与否的首要因素。

事实告诉我们，良好的品德风范是成功的先决条件。人生须以品德为本，才能有真正的成就和满足。

人品是一个人的立身之本，遵守道德规范是经商的重要前提，也是为人处世的基础。要知道，德高才能望众，望众才能生财。

人品不能当饭吃，但人品是立身之本，对事业的成败影响颇大。一个人品欠佳的人，谁也不愿与其合作共事。

"人生中只有一种追求，"科尔顿说，"这一种至高无上的追求，就是对美德的追求。"

假如一个人的信仰是正确的，那么，这种信仰必然会发展他的能力，增强他的精力，提高他的自尊，使他的品格变得更为稳固，并且会推进他的事业，帮助他开拓成功的前景！在一个灵魂最为崇高的旅程中，正直的品质永远不会被超越，而爱的心灵也永远不会过分。

我们一定要培养良好的人品，学会做人、学会处世。因为人品是立身之本，是成功的前提，只有这样才能向成功之路迈进。

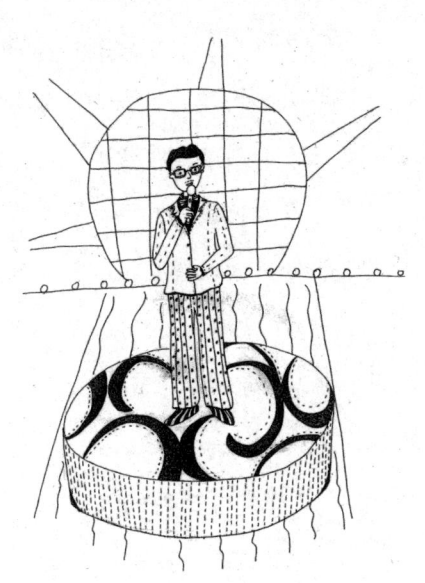

正直是使你快速成功的有效方法

对一切事情都喜欢做到准确、严格、正规，这些都不愧是高尚心灵所应有的品质。

——契诃夫

英国《泰晤士报》的总编西蒙·福格，每年五六月，都要接到一堆大学的请帖，要他去做择业就业方面的演讲，因为他曾在寻找职业方面创造过神话。

那是他刚从伯明翰大学毕业的第二天，他为了寻找职业南下伦敦，走进《泰晤士报》总经理办公室，他问："你们需要编辑吗？"

"不需要。"

"记者呢？"

"不需要。"

"那么排字工、校对员？"

"不，都不需要。我们现在什么空缺都没有。"

"那么，你们一定需要这个了。"福格从包里掏出一块精致的牌子，上面写着："额满，暂不雇用。"

结果，福格被留了下来，做报社的宣传工作。25年后，他已升至总编的位置。

第三章　做事先做人，成大事先做大写的人

这一美谈见报后，福格就成了各大学的座上宾，每年在学生毕业前给学生们做择业方面的报告。

但每次演讲，他总是避而不谈他的求职经历。他讲得最多的是一位护士的故事。

这位护士刚从学校毕业，在一家医院做实习生，实习期为一个月，在这一个月内，如果能让院方满意，她就可以正式获得这份工作，否则，就得离开。

一天，交通部门送来一位因遭遇车祸而生命垂危的人，实习护士被安排做外科手术专家——该院院长亨利教授的助手。复杂艰苦的手术从清晨进行到黄昏，眼看患者的伤口即将缝合，这位实习护士突然严肃地盯着院长说："亨利教授，我们用的是12块纱布，可是你只取出了11块。"

"我已经全部取出来了，一切顺利，立即缝合。"院长头也不抬，不屑一顾地回答。

"不，不行。"这位实习护士高声抗议道："我记得清清楚楚，手术中我们用了12块纱布。"院长没有理睬她，命令道："听我的，准备缝合。"这位实习护士毫不示弱，她几乎大声叫起来："你是医生，你不能这样做。"

直到这时，院长冷漠的脸上才露出欣慰的笑容。他举起左手里握的第12块纱布，向所有的人宣布："她是我最合格的助手。"

这位实习护士理所当然地获得了这份工作。

西蒙真是聪明而又用心良苦，他之所以不讲自己的经历，而说那位实习护士，是因为他非常明白，在寻找工作方面，仅有敏锐的头脑是不够的，更重要的是还要有正直的品性。小到一个单位，大

79

到一个国家，真正需要的往往是后者。

正直、高尚是人生最大的财富。一个极正直、高尚的人，好比是冬季温暖的阳光，使不少人对你注目并乐于与你接触。只要你具有正直、高尚的品格，适当的阳光和土壤，就会让你的付出得到收获，成功在望。

正直是什么？成功学研究专家 A.戈森认为，在英语中"正直"一词的基本含义指的是完整。在数学中，整数的概念表示一个数字不能被分开。同样，一个正直的人也不会把自己分成两半，他不会心口不一，想一套，说一套——因为实际上他不可能撒谎；他也不会表里不一，信一套，干一套——这样他才不会违背自己的原则。我们坚信，正是由于没有内心的矛盾，才给了一个人额外的精力和清晰的头脑，使得我们获得成功。

卢梭说："为人善良和正直才是最光荣的！"正直的人心胸如天空一样明净坦荡，高尚的人爱心如大海一样宽博丰富。正直的人，人皆敬之；高尚的人，人皆爱之。正直的人诚实、公正、坦然；高尚的人宽容、关爱、同情。正直是做人的根本，高尚是人性的美德。

所以，正直的品性总是为真正的睿智者和成功者所推崇。

正直意味着高标准地要求自己。许多年前，一位作家在一次失败的投资中损失了一大笔财产，趋于破产。他打算用他所赚取的每一分钱来还债。三年后，他仍在为此目标而不懈地努力。为了帮助他，一家报纸愿为他组织一次募捐，这的确是个诱惑，因为有了这笔捐款，他就可以结束折磨人的负债生涯。

然而，作家却拒绝了。几个月之后，随着他一本轰动一时的新书问世，他偿还了剩余的债务。这位作家就是马克·吐温。正直意味着有高度的名誉感。建筑师弗兰克·赖特曾经对美国建筑学院的师生们说："这种名誉感指的是什么呢？那好，什么是一块砖头的名誉感呢？那就是一块实实在在的砖头；什么是一块板材的名誉感呢？那就是一块地地道道的板材；什么是人的名誉感呢？这就是要做一个真正的人。"

正直意味着具有道德感并且遵从自己的良知。马丁·路德在他被判死刑的城市里面对着他的敌人说："去做任何违背良知的事，谈不上安全稳妥，也谈不上谨慎明智。我坚持自己的立场，上帝会帮助我，我不能做其他的选择。"

正直意味着有勇气并坚持自己的信念，这一点包括坚持你认为是正确的东西。正直意味着自觉自愿地服从，从某种意义上说，这是正直的核心，没有谁能迫使你按高标准要求自己，也没有谁能勉强你服从自己的良知。

正直使人具备冒险的勇气和力量，正直的人欢迎生活的挑战，绝不会苟且偷生、畏缩不前。一个正直的人是充满自信的。

正直经常表现为坚持不懈、一心一意地追求自己的目标，拒绝放弃努力，有坚韧不拔的精神。"我们决不屈从。无论事情大小，永远不要屈从，唯有屈从于对荣誉和良知的信念。"温斯顿·丘吉尔是这样说，也是这样做的。

正直还会给一个人带来许多好处：友谊、信任、钦佩和尊重。人类之所以充满希望，其原因之一就在于人们似乎对正直具有一种近乎本能的识别能力——而且不可抗拒地被吸引。

怎样才能做一个正直的人呢？第一步就是要锻炼自己在小事上做到完全诚实。即使当我们不便于讲真话的时候，也不要编造小小的谎言，不要去重复那些不真实的流言蜚语，不要把个人的电话费用记到单位的账上等。

这些事听起来可能是微不足道的，但是当你真正在寻求正直并且开始发现它的时候，它本身所具有的力量就会令人们折服。最终，我们会明白，任何一件有价值的事，都包含有它自身不容违背的正直的内涵。

总之，言行一致是品格的脊梁。一个人必须表里如一，这就要求他的行动的诚实和语言的诚实。每一个自尊和尊重他人的人，都会在行动中严格遵循这一守则。做自己心中想做的事情，在自己的工作中体现高尚的品格，一丝不苟，以自己的正直和良心为骄傲。

以诚相待，方可赢得人心

没有谁必须成为富人或成为伟人，也没有谁必须成为一个聪明的人。但是，每一个人必须要做一个诚实的人。

——本杰明·鲁亚德

美国有位妇女叫凯瑟琳·克拉克，她开了一家面包公司。开业之初，她就公开宣布，自己的公司经营原则只有一条——以诚取信。为此，她规定自己生产的面包如超过3天不得出卖，凡是超过3天卖不出去的面包，由公司收回销毁，这样的规定虽然给公司增加了不少麻烦，并造成了一定的损失，但由于它信誉好，面包新鲜，结果销量直线上升，赢得了越来越多的客户。凯瑟琳面包公司的生意因此越来越好了。

有一年秋天，加州发生了水灾，粮食紧缺，面包一度脱销，许多人因买不到面包而挨饿。尽管如此，凯瑟琳依然坚持自己的原则不动摇，照样派人将超过3天的面包从各个销售点收回来。

一次，运货员从几家偏远的商店收回了一批过期的面包，在途中被一些灾民截住，他们提出要购买车上的面包。

运货员碍于公司的规定，说什么也不答应，这引起了灾民的一致抗议。他们围住货车，说什么也不让车走，于是双方发生争执，人也越聚越多。

几天后，凯瑟琳面包公司信守承诺，宁可将过期面包收回，也不违反原则的新闻见诸报端，成为轰动一时的新闻，引起了无数人的称道。他们诚实无欺的经营原则，在人们心中留下了难忘的印象。

当经济转入正轨，生活恢复平静之后，各面包公司之间的竞争十分激烈，凯瑟琳经营的面包公司因为信誉好，大家十分信赖，营业额直线上升，在短短的半年时间里，销量增加了5倍多，令其他公司望尘莫及。

"精诚所至，金石为开。"以诚待人是成大事者的基本做人准则。道理很简单：诚信为天下第一品牌！做一个襟怀坦荡、诚实正直的人吧！因为以诚信为本，更容易敲开成功的大门。

诚者，物之终始；不诚，无物。是故，君子诚之为贵。

诚者，非自成己而已也，所以成物也。

荀子强调即使是普通的谈吐也一定要诚实可信，即使是一般的行动也一定要谨慎小心，不效法流行的习俗，不自以为是，像这样就可以叫作诚实之士了。

诚实是一个人走向人生顶峰时所自然呈现的坦诚，是一种坚韧的力量。在诚实的人那里，一切谎言虚饰都变得毫不重要，甚至可憎。

诚实就是彻底地卸掉所有的伪装或技巧，让自己像一朵花那样绽放，自然、朴实、亲切。诚实的力量是一种敞开的力量，它能以心诚坦荡之怀，使欺诈谗言不攻自破，并使误会销迹于无形。

诚实是做人之本，有些人可能会认为成功人士的成功来自他经商技巧的精妙，而实际上，诚实更是他成功的主要条件。

人最宝贵的品格就是诚实，没有诚实的品格，热情就会变成逢迎，谦虚就会变成虚伪。反之，以诚待人则有义，于是朋友如云、机遇迭至，成功自然不在话下。

一个年轻人如果希望取得事业上的成功，他首先要获得周围人对他的信任。一个人如果学会了如何获得他人信任的方法，要比获得千万财富更足以自豪。

古人曰："只有天下最真诚的人，才能充分发挥天赋的本性；能充分发挥天赋的本性，就能充分发挥天下众人的本性；能充分发挥天下众人的本性，就能充分发挥万物的本性；能充分发挥万物的本性，就能帮助天地养育万物；能帮助天地养育万物，就能与天地并立为三了。""物我一体""天人合一"的修养方法，都包含在发挥本性里面。

发挥本性的真，就能发挥天地万物人我的真；发挥本性的善，就能发挥天地万物人我的善；发挥本性的美，就能发挥天地万物人我的美。这一切都应归功于本性的诚实。

从上述故事可以看出，诚实不仅仅是一种良好的个人修养，也不仅仅是一种优秀品格的外在表现，更是一种可以直接带来财富的无价之宝。

诚实，会使我们内心坦然，而说谎、虚假、欺瞒，则会使我们的良心受折磨，让我们处在一种心境灰暗、忐忑不安、时刻紧张的状态中。这种自我折磨正是不诚实的必然结果。

诚实的声誉与由欺骗暂时所获得的好处相比较，其价值高于百倍！商业社会中，最大的危险就是不诚实与欺骗。往往在经济萧条时，人们更喜欢利用投机取巧的方法，欺骗顾客，不讲真话或是把应当说的真话秘而不宣。因为他们没有想到，虽然这样的做法暂时在金钱上赚了一些，可是商人的人格和信用却因此损坏了。他们的钱袋里固然暂时增加了一些钱，但他们的人格和信用也丧失殆尽，这终将损害他们的长远利益。

重诺守信，堪比黄金

一丝一毫关乎节操，一件小事、一次不经意的失信，可能会毁了我们一生的名誉。

——林达生

1835年，摩根先生还是一家名叫伊特纳火灾的小保险公司的股东。因为这家公司不用马上拿出现金，只需在股东名册上签上名字就可成为股东，这正符合当时摩根先生没有现金却希望获得收益的情况。

当时，有一家在伊特纳火灾保险公司投保的客户发生了火灾。如果付清赔偿金，保险公司就会破产。股东们一个个惊慌失措，纷纷要求退股。

摩根先生却认为信誉比金钱更重要，他四处筹款并卖掉了自己的住房，低价收购了所有要求退股股东的股份，然后将赔偿金如数付给了投保的客户。

由于保险公司将赔偿金如数付给了投保的客户，所以面临破产的绝境，无奈之中摩根打出广告，凡是再到伊特纳火灾保险公司投保的客户，保险金一律加倍收取。

出乎意料的是，客户很快蜂拥而至。原来在很多人的心目中，伊特纳火灾保险公司是最讲信誉的保险公司，这一点使它比许多有名的大保险公司更受欢迎。伊特纳火灾保险公司从此崛起，摩根也因此财源滚滚，功成名就。

不管你在什么情况下办什么事情，总要对自己所说的话负责。你用自己的行动说服别人，让他们亲眼看到你所做的都是为了他们的利益。为了遵守诺言，你可以放弃其他，给人一个可信的形象。如果我们办不到，尽可能选择不对别人承诺。而一旦你做出了承诺，无论如何也不能放弃。

一个企业的开始意味着一个良好信誉的开始。有了信誉，自然就会有财路。信誉是一个企业家必须具备的商业道德，就像做人一样，忠诚，有气节，对自己所说出的每一句话、做出的每一个承诺，一定要牢牢记在心里，并且一定要能够做得到。

如果要取得别人的信任，你就必须做到信守承诺。在做出每一个承诺之前，必须经过详细审查和考虑。一经承诺之后，便要负责到底。即使中途有困难，也要坚守承诺，贯彻到底。

当你建立信誉之后,成功、利润便会随之而至。

在商场,各种各样的人都有。一些人,为了个人的利益,即使是说了,承诺了,也因为怕负责任,就随便违背自己的承诺。短期内他们可能是得益者,减少了他们信守诺言的麻烦。但短期的利益并不重要。我们要把眼光放长远一点,不要只顾眼前。只要我们能够做到言必有信,一诺千金,建立起令人信任的声誉,我们就可能有长远的成就。

在生活中,轻易承诺却又失信于人的事数不胜数,如某某分明答应为我办一件事,他却食言了。在生活中,很多人是在承诺之后履践诺言。应诺像美丽的童话温暖人的心灵。生活中,我们会发现那些受欢迎的人,大多都有优良的品质,其中最显著的便是任何时候都坚持守信、遵约的美德。守信,是中华民族的优秀文化传统之一。自古以来,中国人都十分注重讲信用、守信义。

孔子经常教育他的学生要"言必信",就是要求他们说话一定要算数,说到做到。

曾子把老师的话牢记在心,每天晚上睡觉前,他都要进行反省:"给人家办事儿,我做到诚心尽力了吗?对待朋友,我有没有不诚实、不守信用的地方呢?老师的教诲我认真复习过了吗?"日复一日,年复一年,曾子一直这样严格要求自己,成了很会办事的知名人士。

因为一个人的诚实与信誉是他获得良好人际关系、走向成功的基础,而能否兑现他许下的诺言是一个人是否讲信用的主要标志。是否守信用对事业成败也有巨大影响,有多少人信任你,你就拥有多少次成功的机会。

真诚的人会赢得更多的机遇,机遇总是去寻找诚信正直的人!如果你讨厌诚信正直，那么能给予你机会的老板和对你信任的顾客同样也会讨厌你。如果一开始就让别人觉得你很狡猾，他们就会自然而然设立一道防护的屏障，来抵御潜在的威胁。

一个有着诚实正直品行的人获得财富和晋升的速度可能不如弄虚作假、投机钻营的人来得快，但那些利欲熏心的人不明白，在他们多得到一分钱的同时，已经丢掉了更多信誉。如果你有着诚实正直的品行，你最终的成功会是一种真正的成功。即使在金钱地位上一时达不到一定的程度，但是你要相信品行可以改变命运，好品行是你得到老板重用和客户依赖的最高保证。

第四章
在磨难中成长，沉住气方能成大器

一个人要想成大器，重要的是历经长久的磨炼。一个成功者一定会承受逆境的磨砺。鲜艳的花朵既要享受温暖阳光的乐，也要承受风吹雨打的痛；锋利的宝剑在被人们赞赏前，也要承受千锤百炼的磨难。在逆境、挫折面前能做到超然豁达、淡定从容、沉得住气，这就是真正的大手笔之人。遭遇逆境，大手笔之人并非感觉不到痛，而是将痛转化为战胜逆境的力量。只要我们能够沉住气、坚持住，勇敢地跨出脚，闯过眼前所有的障碍，理想的天堂就在前方。山高人为峰，只要心够大、眼看得够远，敢于勇往直前，再高的山也终将被我们踩在脚下。

承受住挫折打击，不懈开辟全新道路

挫折磨难是锻炼意志、增加能力的好机会。

——邹韬奋

1987年，当时还在伊利工作的牛根生正在为新出的雪糕搞调研，当他将开发出来的雪糕拿给儿子尝时，不料，儿子仅咬了一口，就将整支雪糕扔到了地上。他没有怪儿子，而是反思自己的产品：产品做不好，连自己的儿子都不理会，更何况消费者？

从那时起，牛根生发誓要把伊利雪糕做成中国第一。为了做出品牌，他去求教一位非常著名的策划人。三番五次约登门拜访，但是人家一次又一次地推掉。牛根生跟策划人说，我虽然是卖冰棍的，但是我表哥非常了不起。策划人问："你表哥是谁？"牛根生说："卖汽水的可口可乐。卖冰棍的是卖汽水的孪生兄弟，既然可口可乐可以做品牌，卖冰棍的为什么就不能做品牌？"

几年后，牛根生做到了。伊利雪糕风靡全国，销售额由1987年的15万元增长到1997年的7亿元，成为中国冰激凌第一品牌。牛根生的区域销售额占到伊利总销售额的80%。

每个人的生活中都会碰到挫折，无论是大挫折还是小挫折都会让我们心烦不已。例如，辛勤耕作一年的农民眼看丰收在望，正盘算着如何用丰厚的收益来改善生活时，一场突如其来的洪水冲走了庄稼，也冲垮了他的希望；一个身材矮小的人，一心想成为职业篮球运动员，这个愿望显然很难实现，使他体验到挫折感……

人们遇到挫折时，会有各种各样的态度。综合起来，有两种不同的态度：一种是对挫折采取积极进取的态度，即理智的态度，这时的挫折激励人追求成功；另一种是消极防范的办法，即非理智的表现，这时的挫折使人放弃目标。

无论对谁来说，面对挫折的时候最应该做的就是承受住挫折给自己带来的打击，用坚持不懈的努力来开辟全新的道路。

那么对于普通人来说，当面对挫折的时候有哪些比较有现实意义的方法呢？

1. 慢慢改变

遇到挫折就表明你需要改变，无论是思想上还是方式方法上。总之，改变是在所难免的。但是，要改变并不代表一次性改变，而是应该慢慢地改变，否则不仅不能达到改变的效果，反而会产生"欲速则不达"的负面效应。

2. 不要过于固执，正视挫折

在面对挫折的时候应该正视挫折，要提高承受挫折的能力，首先要正确认识挫折，建立一个正确的认识观。

在现实生活中，我们经常会因为考试不理想、人际关系紧张、生活不如意等原因而遭受挫折。有的人总认为生活中的挫折、困境、失败都是消极、可怕的，受挫后往往悲观抑郁，甚至丧失了生活的勇气。事实上，遭遇挫折并不都是坏事，处理得好，它也可以成为自强不息、奋起拼搏、争取成功的动力和精神催化剂。

3. 苦中求乐

不管你接受的工作多么艰巨，费尽心力也要做好，千万别表现出做不来或不知从何入手的样子，而是应该学会苦中作乐：即便很苦，也要从中找出令你快乐的一面。久而久之你也就真的能快乐起来了。

4. 立刻动手

当你发现有些地方需要改变的时候，千万要记得立刻动手，不要偷懒。不要找借口拖至第二天，这样对自己不利。

5. 谨言

既然已经遭遇到了挫折，那么就少说几句，这样对自己是有好处的，因为你可以把更多的精力集中在工作上，并且如果你能承受住挫折的打击，那么你的成绩比你说一百句好话都管用。

6. 善用幽默

遭受挫折并不代表要愁眉苦脸一辈子，而是应该学会微笑面对，用笑声来打败挫折。而让自己发笑最好的办法就是适时幽默一下，给自己一个微笑，也给自己和周围人一个放松的机会，用更多的精力、更大的激情来击败挫折。

7. 勇于挑战自己

挫折是一定程度上的失败，那么要想承受住挫折的打击，就不得不挑战一下自己了，让自己跨越一个新的台阶，达到一个新的高度，这样当你回头再看的时候，挫折已经在不知不觉中过去了。

8. 合理设置自己的理想，别存在太多的幻想

千万别期盼所有的事情都会按照你的计划进行。相反，你得时时为可能产生的错误做准备。

9. 决断力要够

遇事犹豫不决或过度依赖他人意见一辈子都不会为你带来成功，更不会让你面对挫折的能力有所加强，因此要加强决断力，在面对挫折的那一刻就要想好对策。

10. 善于咨询

或许你没有能力处理挫折，但这并不代表别人也没有能力处理挫折，那么最好的办法就是向别人咨询，从别人那里取经，一次两次，到第三次的时候你也就知道该如何去应对了。

11. 虚荣心不要太强

很多人之所以不能正确面对挫折是因为虚荣心作怪，明明一败涂地却要装出很了不起的样子。在这种状态下，你是无法正确面对和战胜挫折的！

综上所述，挫折是难免的，而遭遇挫折之后也是有可能成功的，关键就要看你有没有承受挫折的能力。愈挫愈奋才会愈坚愈强，愈难愈弃只会愈悲愈绝。承受住挫折的打击，可以磨砺我们的意志，让我们更坚强，由此也能使我们坚持不懈地开辟全新的道路。

坚忍的意志可以使一切困难让路

意志是每一个人的精神力量，是要创造或是破坏某种东西的自由的憧憬，是能从无中创造奇迹的创造力。

——莱蒙托夫

坚韧是成大事立大业者的特征。人若要获得巨大的事业成就，也许可以缺少其他品质的辅助，但肯定少不了坚韧。坚韧会使从事苦力者不厌恶劳动，使终日劳碌者不觉疲倦，使生活困难者不感到沮丧。

坚韧可以克服一切难关，试问诸事百业，有哪一种可以不经坚韧的努力而获得成功呢？

以坚韧为资本而终获成功的人，比以金钱为资本获得成功的人要多得多。人类历史上成功者的故事都足以说明：坚忍的意志可以使一切困难让路。

即使是那些举世瞩目的名人，也都有过曲折的生命历程。别害怕贫穷、困苦、艰难、失败、痛苦等，它们只是你人生路上的一点荆棘，或许还能成为点缀你生活的小花，更重要的，它们是你人生的宝贵财富。若干年后回头看，轻舟已过万重山。

因此，我们面对挫折、困难时不要慌，也不要乱，只要坚实地走好每一步该走的路。我们无法左右天气，但我们可以控制住我们的心和行为，督促自己不断地勇往直前。

世界上有无数因坚韧而成功的事实。坚韧可以使柔弱的女子们养活她们的全家；使穷苦的孩子努力奋斗，最终找到生活的出路；使一些残疾人也能够靠着自己的辛劳，养活他们年老体弱的父母。除此之外，如山洞的开凿、桥梁的建设、铁道的铺设，没有一事不是靠着坚韧而成功的。人类历史上最大的功绩之一——美洲新大陆的发现，也要归功于开拓者的坚韧。

已过世的克雷吉夫人说过："成功人士成功的秘诀，就是不怕失败。他们在事业上竭尽全力，毫不顾及失败，即使失败也会卷土重来，并立下比以前更坚韧的决心，努力奋斗直至成功。"

有些人遭到一次失败，便把它看成拿破仑的滑铁卢，从此失去了勇气，一蹶不振。可是，在刚强坚毅者的眼里，却没有所谓的滑铁卢。那些一心要得胜、立志要成功的人即使失败，也不以一时失败为最后之结局，还会继续奋斗，在每次遭到失败后再重新站起来，比以前更有决心地向前努力，不达目的绝不罢休。

有这样一种人，他们不论做什么都全力以赴，总是有着明确的目标，在每次失败时，他们便笑容可掬地站起来，然后下更大的决心向前迈进。他们从不知道屈服，从不知道什么是"最后的失败"，在他们的词汇里面，也找不到"不能"和"不可能"几个字，任何困难、阻碍都不足以使他们跌倒，任何灾祸、不幸都不足以使他们灰心。

坚韧勇敢是伟大人物的特征。没有坚韧勇敢品质的人，不敢抓住机会，不敢冒险，一遇困难，便会自动退缩，一获小小成就，便感到满足。

历史上许多伟大的成功者，都是坚韧者。发明家在埋头研究的时候，是何等的艰苦，一旦成功，又是何等的愉快。世界上一切伟大的事业，都在坚韧勇毅者的掌握之中。当别人开始放弃时，他们却仍然坚定地去做。真正有着坚强毅力的人，做事时总是埋头苦干，直到成功。

有许多人做事有始无终，在开始做事时充满热忱，但因缺乏坚韧与毅力，不待做完便半途而废。任何事情往往都是开头容易而完成难，所以要估计一个人才能的高下，不能看他所做事情的多少，而要看他最终取得的成就有多少。例如在赛跑中，裁判并不计算选手在跑道上出发时怎样快，而是计算跑到终点时的先后顺序。

要考察一个人做事成功与否，要看他有无恒心，能否善始善终。持之以恒是人人应有的美德，也是完成工作的要素。一些人和别人合作完成一件事时，起先是共同努力，可是到了中途便感到困难，于是多数人就停止合作了，只有少数人还在勉强维持。可是这少数人如果没有坚强的毅力，工作中再遇到阻力与障碍，势必也随着那放弃的大多数，同归失败。

走出绝境就是阳光

困难与折磨对于人来说，是一把打向坯料的锤，打掉的应是脆弱的铁屑，锻成的将是锋利的钢刀。

——契诃夫

有这样一则故事：有三只青蛙掉进了鲜奶桶中，第一只青蛙说："这是神的意志。"于是盘起后腿，一动不动，静静地等待着。第二只青蛙说："这桶太深，没有希望出去了。"于是绝望地慢慢死去。第三只青蛙说："糟糕，怎么掉到鲜奶桶里了，但我的后腿只要还能动，我就要奋力往上跳。"这只青蛙一边划一边跳，慢慢地，青蛙的后腿碰到了硬硬的东西，于是他奋力一跃，跳出了奶桶。原来，鲜奶在他的搅拌下渐渐变成了奶油。

第一只青蛙相信宿命，第二只青蛙充满绝望，第三只青蛙坚守信念，充满希望。成功者顽强而坚韧的精神意志和挑战风险、永不气馁的进取意识，恰恰构成了其获得成功的又一重要精神底蕴，从而使他们在充满竞争的世界舞台上纵横捭阖、卓尔不群。成功者不但敢于冒险，更能于逆境中从容镇定，充满自信。他们不怕风险，更善于在风险中运用自己的智慧和生存技巧。他们面对失败，绝不气馁，他们吸取教训，重新再来。

一个人最大的资产是希望。世上没有绝望的处境，只有对处境绝望的人。哀叹和抱怨从来是弱者的专利。

对于人类来说，困境是产生强者的土壤。但在生活中，很多人却只会抱怨环境的恶劣，把逆境当成魔鬼，内心绝望，不知道该如何做。

相对而言，处于顺境中是幸运的，陷于逆境中是不幸的。逆境确实容易使人消沉、绝望，而顺境有利于人在良好的环境和心态下正常发挥自己的水平，但是，许多奇迹却都是在厄运中出现的。逆境能磨炼一个人坚强的意志，也许能够使他的能力得到超常发挥，获得大的成就。

如何面对逆境，从财商角度来说，就是富人与穷人的分水岭。穷人为什么是穷人？富人为什么是富人？原因就在于富人从不绝望，而穷人非常轻易地就绝望。

穷人在能混下去的时候，不会思考自己的生活方式，更不会看看自己所走过的路，只会对生活绝望。于是，就任由自己穷下去。

相反，富人无论在能混下去的时候还是混不下去的时候，都会对前程充满信心。在逆境中无非是马上停下来，调整前进的方向，追回浪费掉的时间，重新活一把。

没有一个人愿意遭遇挫折，却没有人从不遇到挫折。既然无法逃避，那就挺身相迎，和挫折一较高下吧！

强者把握命运，无论遇到什么困难都会勇往直前。在他们眼中，挫折是一种动力，这种动力是无价之宝，无论谁都不会夺走。

有一名推销员，屡次去拜访一位客户，跑了十几趟，可这位固执的客户始终不肯点头。

有人问这位推销员："他一直不肯答应,你为什么还不放弃,不如抓紧时间去拜访其他客户吧!"

然而,这个推销员却缓缓地说:"因为他还没有说'不'。"

一般我们所遇到的挫折,其实都只是一种考验。既然生命还没对你说"不",你又何必未战先降呢?但很多时候,我们是因为害怕听到别人说"不",所以先对自己说"不",不给自己机会的其实一直都是你自己。

世界上没有任何一个人是一帆风顺、不经历失败和挫折就成功的。正如拿破仑·希尔所说:"幸运之神要赠给你成功的冠冕之前,往往会用逆境严峻地考验你,看看你的耐力与勇气是否足够。"

李嘉诚14岁就因父亲早故辍学打工,当过茶楼堂仔、钟表店学徒、推销员;霍英东当过铲煤工、打铁工、风炮工、机场苦力,大半生都被港英政府掣肘、封杀;王永庆开砖厂失败,做木材生意更血本无归……

面对绝境时,这些人都没有绝望,所以他们成了富人。富人就是这样练成的!他们永远不停地奋斗着,努力创造机会。对于富人而言,碰到的每一件小事,遇到的每一个人,都是一个机会,所以他们永远不会绝望。

只有穷人才总是怨上天不给自己机会,才总是对现状绝望。怨天尤人其实是一种懦弱,更是一种不成熟的表现,掩盖了自己不能面对现实的弱点,留下了将来可能重蹈覆辙的隐患。

其实,冷静地对待挫折是一种力量,也是一种境界。在这个世界上最难以战胜的敌人其实就是自己,如果一个人已经到了只剩下自己这一个对手时,实际上他已经是天下无敌了。

英国首相丘吉尔是一名杰出的政治家,也是一位著名的演讲家。他十分推崇面对逆境坚持不懈的精神。他生命中的最后一次演讲是在一所大学的结业典礼上，演讲的全过程大概持续了 20 分钟，但是在那 20 分钟内，他只讲了两句话，而且都是相同的：坚持到底，永不放弃！坚持到底，永不放弃！

如果你认为你一生都不会陷入绝境，只能表明你正在走向绝境的路上。如果你已陷入绝境，你就已经得到了一次改变自己命运的机会；如果你已经走出了绝境，回首再看看，你会发现自己要比想象的伟大、坚强、聪明。

困境即是上天赐予的一个障碍，就是一个新的已知条件。只要你愿意，任何一个障碍，都会成为一个超越自我的契机。

人生就是一种挣扎与奋斗，那些受一次打击就一蹶不振的人才是十足的失败者，而只要敢于从失败中重新认识自己、汲取经验和教训，就可以达到新的起点，最终就会取得成功。我们周围充满着困难与障碍，也充满着希望与绝望，我们要做的就是坚定信念，培植希望。

抹去汗水，再坚持一下就好

意志的出现不是对愿望的否定，而是把愿望合并和提升到一个更高的意识水平上。

——罗洛·梅

约翰逊是美国的新闻出版产业巨子。1942 年，24 岁的他在芝加哥创办杂志《黑人文摘》之初，为了扩大影响，增加发行量，决定组织一系列以"假如我是黑人"为题的文章,把一名白人放在黑人的地位,设身处地地严肃看待这一问题。他想请罗斯福总统的夫人埃莉诺来写这篇文章,于是他给她写了一封信。

罗斯福夫人回信说,她太忙,没时间写文章。一个月之后,约翰逊又给她写了一封信,她仍说她很忙。又过了一个月,约翰逊给她写第三封信,罗斯福夫人回信说连一分钟空闲也抽不出来。

罗斯福夫人每次都说她没有时间,但约翰逊没有就此放弃,依然不断地写信,他想:"她并不是说不愿意写,而是没时间。如果我继续请求她,只要有耐心,也许有一天她会有时间的。"

终于,约翰逊在报上看到她要在芝加哥发表演讲的消息,决定再试一次,便给她发了一个电报,询问她是否愿意趁她在芝加哥的时候为《黑人文摘》写那篇文章。罗斯福夫人终于被约翰逊的坚韧精神所感动,便答应了他的请求,把她的感想写了出来。文章一出,消息不胫而走,很快传遍全国各地,大家争相购买阅读,杂志发行量一个月内由5万份猛增到15万份,这也成了约翰逊事业成功的巨大转折。

生活中出现挫折并不可怕,只要不绝望,坚定信心,就完全可以把挫折当作走向成功的转机。不论在什么时候发生了什么事情,你都要记住:厄运与幸运往往是交替出现的。当幸运来临时,固然要把握它、利用它;而当事情开始向坏的方面转化时,或者当所谓厄运当头的时候,就要当机立断地采取行动,将厄运的影响降低到最小,并努力摆脱它所带来的阴影,让生命开始新的征程。逆境之中更要奋起。

在我们遭受挫折,陷入逆境时,我们有一个基本原则可用,而且永远适用。这个原则非常的简单——永远不放弃，坚持就是胜利。

塞内加曾经说过："顺境的好处是人们所希望的，但逆境的好处则是令人惊叹的。"的确，顺境并不是没有许多恐惧和烦恼，逆境也并不是没有许多安慰和希望。在人生路上，遇到了失败，你不要泄气，应该坚持下去，并把它作为人生的转折点，选择目标或探求方法，把失败作为成功的新起点。

不论做什么事，如不坚持到底，半途而废，那么再简单的事也只能功亏一篑；相反，只要抱着锲而不舍、持之以恒的精神，再难办的事情也会迎刃而解。

当人人都停滞不前的时候，只有富有恒心的人才会坚持去做；人人都因绝望而放弃的信仰，只有有恒心的人才会坚持着，继续为自己的意见辩护。具有这种卓越品质的人，最终才能获得良好的声誉和可观的收益。

一个慈祥、和蔼、诚恳和乐观的人，再加上富有恒心的卓越品质，实在是非常幸运的。做我们喜欢的事情，做我们感到富有趣味的事情，是比较容易成功的。有时又不得不去做那些我们自己不喜欢甚至为我们内心所反感的事情。而要把那些我们不喜欢的甚至为我们的内心所反感而又不得不做的事情做好，是需要恒心的。

不论工作合意与否，总能坚持到底、一定要达到目的的人，才能获得成功。那些以一种勇敢精神、坚毅的步伐、满腔的热情，去做那些自己不喜欢、不相称的工作，并最终能做出非凡业绩的人，真正具有英雄般的持久之心。

当你经历生活磨砺的时候，不妨鼓励自己再坚持一下，毕竟成功不能轻而易举地得到。如果将成功当成一种交易的话，你所需要付出的代价就是自己的汗水和坚持。

有了坚韧的毅力、饱满的热情，还要有清醒的认识。

"永不放弃"不是目的，成功才是最终目的，对每次错误都必须检讨、总结、改正、调整，只有这样才能使障碍成为前进的阶梯。成功的过程，就是不断克服障碍的过程。障碍不是来阻挡我们的，而是来帮助我们的。障碍会告诉我们怎样做才能更快成功。

成功没有什么秘诀，如果真要有的话，那就是两个：第一个就是坚持到底，永不放弃；第二个就是在你想要放弃的时候，回过头来看看第一个秘诀。

成功必然经历汗水，"三天打鱼，两天晒网"是不可能成功的，原因很简单：你不懂得坚持。没有坚持就没有收获，没收获就没有成功。

以一颗坚韧的心，坚定自己的意志，不放弃希望，并发挥自己的才能，便会获得成功。世界上往往没有那些意志不坚定的人的地位；对那些意志坚定的人，世界会为他们敞开道路。

在人生的漫漫旅途中，我们的确会陷入困境的沼泽中，这时候不要放弃希望。只要你还有美好的期待，坚持梦想，你终将走出沼泽。

南宋的理学家、思想家朱熹曾说："立志不坚，终不济事。"遇到困难的时候，多坚持一下，事情就可能出现转机。

每当我们坚持不下去、想要放弃的时候，不妨告诉自己：再坚持一下就好了！你只有打消放弃的念头，才能在心中树立成功的念头！

承受生活的磨难，命运才会为你而变

只有恒心可以使你达到目的，只有博学可以使你明辨世事。

——席勒

曾经有这样一个故事：山里住着一位以砍柴为生的樵夫，他毕生的目标就是靠自己的力量来建造一间纯木头的、能够遮风挡雨的房子，以至于他每天都得早出晚归到山上砍柴。

在他不断地辛苦建造下，终于完成了一间可以遮风挡雨的房子，樵夫高兴得一晚上没有睡着觉。他觉得自己是这个世界上最幸福的人，因为他的目标终于实现了。

可是，这种幸福感并没有持续多久。有一天，他挑了砍好的木柴到城里交货，当他黄昏回家时，发现他的房子不知什么原因起火了，由于房子是木头做的，火势迅速蔓延开来。左邻右舍都前来帮忙救火，但是因为傍晚的风势过于猛烈，所以还是没有办法将火扑灭，一群人只能静待一旁，眼睁睁地看着炽烈的火焰吞噬了整栋木屋。

大火灭了，新盖的房子没有了。邻居们都怀着非常同情的心情来安慰樵夫，希望他能振作起来。甚至还有人贴心地为他送来了毛巾，以为他一定会痛哭一场。可是，樵夫并没有像周围人所想的那样伤心欲绝。只见这位樵夫手里拿了一根棍子，跑进倒塌的屋里不断地翻找着。围观的邻居以为他正在翻找着藏在屋里的珍贵宝物，所以也都好奇地在一旁注视着他的举动。

过了不多久，只见樵夫挥舞着棍子兴奋地叫着："我找到了！我找到了！"邻居纷纷向前探究，才发现樵夫手里握着的是一柄斧子，根本不是什么值钱的宝物。樵夫充满自信地说："只要有这柄斧头，我就可以再建造一座更坚固耐用的房子了。"

或许我们做不到像这个樵夫一样豁达；或许我们在失去自己心爱的东西之后会伤心欲绝；或许我们在经历磨难的时候会选择逃避……但是无论如何，磨难是生活中一个不可缺少的部分，这些经历过的痛苦和磨难，是你的一笔财富，一种收获。也只有在你痛苦和难过的时候，你才会发现，一些不起眼的东西、平常的东西，此时是多么可贵和难得。更为可贵的是在你经历了磨难的时候，你会发现只要承受住了这些磨难，命运之门就会向你打开。

承受生活的磨难，就是不要将磨难看作仇敌，更不要将磨难看作可怕的事。而应懂得：磨难能强化你的意志，并能激发出你潜在的力量，从而使你的命运发生改变。

如果你是一只海蚌，就必须忍受沙石的蹂躏；

如果你是一块礁石，就必须经受滔天巨浪的袭击；

如果你是一棵小树，就必须经得起风雨雷电的考验。

磨难是生活中不可缺少的一个部分。

曾经有一句话："只有在饥饿的时候，才感觉到米饭的香甜。"其实，生活就是一个不断饥饿和对抗饥饿的过程，生活中的"饥饿"就是磨难，因此，这句话也可以这么说："只有经历过磨难的人，才会更珍惜现在所拥有的一切。"

生活原本如一张白纸，但因为有了磨难的导演，生活就变成了一部充满悲欢离合、情节生动的戏剧。磨难赋予我们艰辛和烦恼，赋予我们无助和忧伤，同时也赋予我们"过五关斩六将"的豪情壮志，以及"长风破浪会有时，直挂云帆济沧海"的坚定信念。

但是很多人没有这样幸运，没能在磨难之后去珍惜现在所拥有的一切，原因就在于他们根本没有办法去理解所谓的磨难，根本没有经历过真正的磨难，即便是经历过了，那也仅仅是把它当作魔鬼而已，不敢靠近，不敢接受。生活离不开磨难，正如"不经历风雨，怎能见彩虹"。不经过砥砺的钢，永远不会成为一把锋利而透着寒光的剑。

是啊，面对海蚌体内璀璨的珍珠，我们只是伸手拾之；面对参天大树，我们只是不住地点头啧啧赞叹。然而谁会想到它们曾如何坚韧地忍受剧痛，如何同风雨作战！冰心曾说过这样一句话："成功的花，人们只惊羡它现时的明艳，然而当初的芽儿浸透了奋斗的泪泉，洒遍了牺牲的血雨。"一段美好的生活，就应是一场艰难的奋斗史，因为只有不畏险峰的攀登者、不畏巨浪的弄潮儿，才能登上高峰采得仙草，深入海底觅得宝珠！

生活好比一盘蛋炒饭，而其中的"蛋"就是磨难，不仅会在你的生活中留下痕迹，而且还会改变你的生活。要想品尝其中的味道，你就得接受磨难，面对磨难。每一个人都会经历不同的痛苦和磨难，当它们光顾的时候，只有勇敢面对，征服它们，才能让自己不再低头，抬头挺胸，也才能彻底改变自己的命运。

司马迁遭受宫刑，却成就巨著《史记》；勾践卧薪尝胆后，东山再起，终于灭吴；李世民虽遭兄弟排斥，却仍能用心于天下，造就了"贞

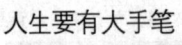

观之治"；曹雪芹经受从天堂到地狱般变故的打击之后，"披阅十载，增删五次"，著成《红楼梦》。历史证明：磨难并不是对一个人的摧残，而是一种锤炼。孟子曰："蓬生麻中，不扶而直；白沙在涅，与之俱黑。"或许，只有同周围恶劣的环境展开激烈的抗争，只有不断地汲取阳光，才能在一股股逆流之中茁壮成长。

沉住气才能负重

在艰苦奋斗的环境中锻炼出来的人，总比生长在温暖逸乐的环境中的人，要坚强伟大。

——郁达夫

范雎是战国时魏国人，著名的策士。他擅长辩论，多谋善断，而且胸怀大志，曾立志要开创一番事业。但是，他出身寒微，无人替他向最高权力阶层引荐，没办法，他只能屈身在魏国大夫须贾的府中做事。

一次，须贾奉魏王之命出使齐国，范雎作为随从一同前往。齐国国君齐襄王早已知道范雎有雄辩之才，因此，范雎到了齐国后，齐襄王便差人携金十斤及美酒赠予范雎，以此来表达他对智士的敬意。范雎对此深表谢意，却未敢接受齐襄王的赠礼，想不到还是招来了须贾的怀疑。须贾执意认为，齐襄王送礼给范雎，是因为他出卖了魏国的机密。

须贾回国之后，将"范雎受金"的事告诉魏国的相国魏齐。而魏齐不辨真假，也不做调查，便动大刑惩罚范雎。范雎在重刑之下，

第四章 在磨难中成长，沉住气方能成大器

肋骨被打断，牙齿脱落。他蒙冤受屈，申辩不得，只好装死以求免祸。范雎已"死"，魏齐让人用一张破席卷起他的"尸体"，放在厕所内，然后指使宴会上的宾客，相继便溺加以侮辱，并说这是警告大家以后不得卖国求荣。

这可真是飞来横祸！遭受这样的污辱，几乎使范雎命赴黄泉，为了保全自己，范雎忍受了这一切难以忍受的摧残和折磨。

范雎平白无故地受了这么一场肌肤之苦和情志之辱，一腔效命魏国的热忱化作了灰烬。他决计离开魏国，另谋一处显身扬名的地方。为了脱身，范雎许诺厕所的守者，如能放他逃出去，日后必当重谢。守者利用魏齐酒醉后神志不清之机，趁乱请示了一下，诡称将范雎的"尸体"抛向野外，借此将他放了出去。范雎在一个叫郑安平的朋友的帮助下逃亡隐匿起来，并从此改名为张禄。

就在范雎忍辱求全，隐身民间的时候，秦国一个叫王稽的使节来到魏国。秦国此时国力强盛，且虎视眈眈，有兼并六国的雄心，郑安平得知秦使王稽来到魏国，便扮成吏卒去侍奉王稽，目的是想寻找机会向他举荐范雎。一天，王稽在下榻的馆舍向郑安平打听：魏国有没有愿意与他一块儿西去秦国的贤才智士，郑安平便不失时机地向王稽陈说范雎的才干。王稽当即决定于日暮时分，在馆舍与范雎见面。

日暮时分，郑安平带范雎来到王稽下榻的馆舍。范雎面对王稽，侃侃而谈，条分缕析，谈论天下大事。一席话还未谈完，其才情智慧已使王稽信服，王稽决定带范雎入秦。

入秦后，范雎充分施展辩才，游说秦昭王，最终取得信任。秦昭王采用范雎的谋略，对内加强了秦国的中央集权，对外使用远交近攻的霸业方略，使秦国对列国的压力再度加强。秦昭王因此任命范雎为秦相国，封为应侯。

人生要有大手笔

在人的一生中，不可能什么事情都是一帆风顺的，总会遇到各种各样的困难、挫折，无论是来自自身的，还是来自外界的，都在所难免。能不能忍受一时的不顺利，这就要看你是否有雄心壮志。一个真正想成就一番事业的人，志在高远，不以一时一事的顺利和阻碍为念，也不会为一时的成败所困扰。面对挫折，他必然会发愤图强，艰苦奋斗，去实现自己的理想，成就功业，这是一种积极的人生态度。困难正是磨炼人意志的最好时机，只有经受了困难、挫折考验的人，才能成就大事。

《周易·乾·象》中有"天行健，君子以自强不息"的话，是说天道运行强健不息，君子也应该积极奋发向上，永不停息才对。面对挫折、打击、磨难，应该沉着应对，不能被这些困难所压倒。忍受挫折的一种方法是奋发图强，准备东山再起，而不可就此沉沦。

人生在世，总会遇到一些"关键时刻"，只有沉得住气、冷静以对，才能保存自己的实力，为自己赢得成功的机会。如果沉不住气，逞一时之能，结果就会事与愿违。总之，遇事我们沉得住气，理智一点，就会把事情处理得完美一点，那么，我们的成功概率就会大一点。请相信，沉得住气的人不一定能够成功，但成功的人一定是沉得住气的人。

直面挫折，你会发现自己是强者

我的本质不是我的意志的结果，相反，我的意志是我的本质的结果，因为我先有存在，后有意志，存在可以没有意志，但是没有存在就没有意志。

——费尔巴哈

第四章　在磨难中成长，沉住气方能成大器

一个具有高度自制力的人，能够控制自己的生命，能够担负起重大的责任，这样的人才是可靠的人。

被狮子紧紧追赶的小马要逃到河对面去。松鼠见了说，可千万别过河，河水太深了，一下去就会被淹死；骆驼说没事儿，河水不深，还没有齐腰呢。这匹小马一时不知如何是好，正在犹豫不决之际，狮子紧追而来，把它吃掉了。

生活中你也会遇到类似的情况，如果你像小马一样犹豫，就会因此失去前进的勇气，甚至丢失大好的机会。

在遇事的时候，不要因为别人的三言两语就犹豫不决，难以决断，也不要因为别人的劝阻就放弃原来的计划。相信自己，做一个意志坚定的人。

这个世界只为两种人开辟大路：一种是有坚定意志的人；另一种是不畏惧险阻的人。

的确，一个意志坚定的人，是不会畏惧艰难的。尽管前面有阻止他前进的障碍物，他仍不会有丝毫的退却。他会想尽办法排除障碍物，然后继续前进。跌倒也好，前途迷茫也好，只要他做好了准备，没有什么能阻止他前进。

作为一个人，我们就应该训练自己的思想，使自己具有坚定的意志和自决的能力。要是我们在这些方面都很软弱，那么，做任何事都可能因一时的阻碍半途而废。

许多人不具有坚定的信念，他们往往注重表面，忽略实际。他们没有自己的思想，任何人的意志，都可以使他们转变态度。这就是可左可右的"骑墙派"。

拿破仑·希尔认为"骑墙派"的思想是最危险不过的。当左边得势的时候，他就归向左边；等到右边得势的时候，他又附和了右边。这样

就成了一个没有主见、没有思想的人，这是何等的可怜啊！

在需要决断时，你必须决定：左边或是右边。而且，决定以后，你就得坚决地维护你的主张，任何阻挠都不能转移你的意志。要具有始终贯彻的思想，就能够成就伟大的事业。

相反，要是你决定了某一个方针，一旦遇到阻碍，你的决心就动摇，或者游离不定，结果常常受反对方面的支配，以及被不赞同你的意见的人所操纵。不用说，你的事业就会全盘皆输。

请你想想吧！一个人要是没有坚定的决心和力量，还能做什么事呢？如果他只有表面的自信，却没有一点主见，那还有谁会信任他呢？尽管他可能是一个好人，但是，每当有重大事情发生，或者危急的时候，也不会有人想到去请教他。

因此，凡是缺少决断力的人，往往失败的时候多，成功的机会少。如果一个人能够了解坚定的力量，能够把他所希望的在心灵上牢牢地把握住，然后向着这理想目标坚持不懈地努力，那么，他一定可以排除种种的不幸与困难，达到理想中的顶峰。

一个人只有认准了方向，意志坚定地行动起来，才能一步步向你的理想靠近。如果在这个过程中，有人对你指手画脚或是遭受了重大的困苦挫折，千万不要理会，一定要相信自己的能力，坚定自己的立场，事实会证明你是对的！

失业了，你也可以继续辉煌

你们应该培养对自己，对自己的力量的信心，而这种信心是靠克服障碍，培养意志和锻炼意志而获得的。

——高尔基

1938 年，两位斯坦福大学的毕业生，在寻找工作的过程中，受尽了四处碰壁的痛苦，而且他们还成为公司第一批裁员的对象。当他们看到求助他人谋生的艰辛，看到许多人因找不到工作而走投无路的窘态时，忽然悟出了一个人生哲理：与其去找工作，不如自己开创一番事业，为自己创造工作的机会。

于是，他俩摆脱了受雇于人的思路，决定合伙开创自己的事业。两人凑了 538 美元，在加州租了一间车库，办起了公司，公司以两人姓的头一个字母组合为名。

刚开始时，迎接他俩的是说不尽的艰辛：研制出的音响调节器推销不出去，试制出的显示器无人问津。但两人毫不气馁，以忘我的热情不分昼夜地研究、改进，四处奔波去推销。还好，他们研制的检验声音效果的振荡器有了一点销路。到了第二年，总算没有白干，赚了1563美元。

他们深知，创业固然比受雇于人的名头大，但付出的辛劳、代价更大、更多，这不是一般人所能承受得了的。但是一日又一日，一年又一年，绞尽脑汁的他们经过苦心研制、试验、推销……他们的公司终于变成了美国电子元件和检测仪器的大供应商。这对黄金搭档也有了分工，惠尔特专心于新技术的研究发明；普克德长期担当起了企业管理的重任。这就是永远成为传奇的惠普公司。

一年前，你在一家公司干了10年之后失业了，此后你要为自己重新振作起来而不至于太颓废付出很大的努力。你的自信心受到巨大的打击，家庭生活也遭受了极大的影响。最重要的是，你还不能确定自己今后是否还能像从前一样有激情地工作。诚惶诚恐的心理会引起你各种症状，如血压升高、自卑和沮丧等。

假使你在几个月里寻找工作失败了，那么对你而言，痛苦或许会更大，你身体的疾病会由于压力的摧残接踵而来，信心被吞噬的同时你也不会相信工作和事业会有什么进展的神话了。这种情况对于一个独立奋斗以求生存的人，特别是男人来说，无疑是异常残忍而且残酷的。主管在解雇员工时，通常也会显得相当无情，希望事情结束得越快越好。这个时候，你就不要再妄想以你对公司的忠诚度和为之奉献的业绩来打动无情的主管了，还是静下心来面对这不可改变的事实另谋出路吧，没准这将是一个全新而又美好的开始。须知，面对困难，挺起脊梁去应对，才是最为关键的。

面对找不到工作或是失业的打击，所有人都会扪心自问："我现在是否还有希望？我怎样才能找到另外一份工作？"其实，没有人是永远不会失败的，当失败的不良情绪困扰你的时候，用积极的心态还是消极的心态来回答自己非常重要。如果你能积极看待自己的处境，去深刻地思考一下，你就会发现自己将比以往更加成熟，更加有抗打击的能力和有更多的机会，拥有了重新开始的可能性。生活会将它的幸福花园向你这样的勇士敞开的。你需要告诉自己的是：相信自己，我也会同那些成功者一样出色！

失业后，你要懂得怎样来调整暂时赋闲的日子，颓废便不再频频光顾你了。

1. 失业等于自己将要雇用自己

将这种处境看成是对自己的一种挑战，把它看成是动荡不安的人生旅程中的一个全新的"自雇"阶段的开始。

2. 计划好你的时间

接受这样的现实，即你将失业至少两个月，计划好你将如何利用这段时间。每天、每周都要制订计划，不要白白浪费时间，无所事事的日子会让你更紧张、更消沉。

3. 保持积极状态和乐观情绪

把这段时间当成一次学习新技能的机会，报名参加一门课程的学习或去上夜校。

参加体育锻炼来保持身体的健壮。

美丽也是你自信的源泉。

去旅游吧！

4. 要看到光明的一面

记住这短暂的危机或许就是一次自我发掘、寻求新的发展方向的时机。

5. 总结自己的经验教训，并加以弥补，如果你有真才实学是不用为工作而发愁的

下岗失业的滋味不好受，很多人会因此一蹶不振，但是当现实告诉你这一切时，你最需要的是拥有一种磨砺自我的精神。因为颓废沉沦是解决不了问题的。须知，天无绝人之路，工作不是生命的全部，暂时的失业，天不会塌下来，此时最重要的就是振作。

只要相信自己，并鼓足再站起来的勇气，你就不会再感到自己是生活的弃儿了。泰戈尔说，人类常将路障挡在自己的前方。只要你勇敢地放下失业的压力，把自己给自己设立的心灵之障消除，抬起头，你会在蓝天中看到自己的笑脸！

不断冲刺，走向巅峰

要记住！情况越严重，越困难，就越需要坚定、积极、果敢，而越无为就越有害。

——列夫·托尔斯泰

在美国西部的淘金热中，有一个人非常幸运地挖到了金矿。他兴奋至极，继续挖掘，然而矿脉突然消失了，他觉得很奇怪，又挖掘了几次，仍然以失败告终。他很失望，于是决定放弃，不再继续努力，将废矿以便宜的价格卖给了一位老人。

这位老人觉得金矿的潜力很大，于是，他请了一位采矿工程师，在距原来停止开采的地方进行挖掘，结果又挖到了金矿。那个最初发现金矿的人，遇到困难就不再继续挖掘，这位老人却从那人放弃的地方开始挖起，结果净赚了七百万美元。那个人听到这个消息后，非常后悔，然而只能责怪自己。

其实，在很多情况下，成功与失败只有一步之遥，只要不断向前再向前，继续冲刺，就可以突破失败的束缚。

不断冲刺是一种不达目的誓不罢休的精神，是一种相信自己能够成功的坚定信念，也是一种高瞻远瞩的眼光和胸怀，更是做事讲究大手笔的体现。

一个人无论做何事，如果轻易地放弃努力，就只是一个失败的懦夫。只有不断冲刺向前，幸运女神才可能会垂青于你。

著名歌星胡里奥能够使用世界上的六国语言演唱，而且，他的唱片销量达到10亿多张，为此他荣获了吉尼斯世界纪录创办者颁发的"钻石唱片奖"。他也是欧洲连续5年流行歌曲的榜首明星，他的歌唱造诣很深，既会唱古典歌曲，又精通流行音乐。

然而，有谁能够想到，他曾经是一个残疾人。一场偶然的车祸使他成为瘫痪病人，医生发现，在他背上的第七截脊椎骨上长有一个良性瘤，通过外科手术，瘤被摘除掉了，但是他的腰部下面仍然动弹不得，这使胡里奥的心情非常沮丧。行动不便带来的痛苦，使他的意志一度非常消沉，锻炼更使他筋疲力尽。

但是，他没有放弃康复训练。在家里，他经常做锻炼，慢慢地，他可以站起来，扶着扶手走到楼上去，这确实是一个不小的惊喜。

经过刻苦锻炼，他身体的其他部位也开始活动起来了，渐渐地，他扔掉了拐杖，可以独立走路了。

一次，一位护士送给他一把吉他，他随意地拨弄了几下，然后跟着哼唱起来，他发觉自己有一些演唱天赋，嗓音还不错。那时，音乐对于他还仅是一种消遣。偶然一次，他突生灵感，于是提起笔，写了第一首歌《生活像往常一样继续》。

后来，他参加了西班牙年度最重要的流行音乐比赛，在这次大赛上，胡里奥演唱了自己的歌，令他没有想到的是，他竟然获得了一等奖。这首歌马上在全国流行起来。不久，一部主要写胡里奥和瘫痪做斗争经历的西班牙电影问世了，片名以胡里奥的这首歌名命名，而且，还由他来主演这部电影。

他的音乐征服了许多人的心，但这是一个漫长的过程。

1971年，他在巴拿马时，身无分文，露宿在公园的长凳上。这种穷困潦倒的情形并没有影响他的创作积极性，身体的复原使他的信念更加坚定，决心继续向前冲，做出一些成绩来。1972年，他创作了《献给佳丽西娅的歌》，迅速地流行于整个欧洲和南美。从此，胡里奥离开了黑暗的日子。后来他又推出了其他流行曲目，他觉得，只要不放弃，成功就在远方向自己招手。1981年，胡里奥的自传《在天堂和地狱之间》问世了，书中描述了他破裂的婚姻，难以接受的痛苦使他陷入了深深的绝望之中不能自拔，就相当于他的双腿又瘫痪了。

一位精神病医生对他说："你应该像从前那样，把自己投入到事业中去。"另一位医生建议他说："继续你已开展的事业——不达顶峰不罢休。"胡里奥严格遵守医生的指导，按照20年前的自我疗法，以"今天要比昨天多迈出一步"来鼓励自己不要倒下。

1978年，胡里奥和哥伦比亚广播唱片公司签了一项长期合同，他先后用西班牙语、法语、意大利语、葡萄牙语和德语等语言演唱，他的歌唱艺术达到了空前的高度，受到世人的瞩目。

回顾自己走过的路，胡里奥感慨万千。痛苦与磨难并没使他倒下，反而使他更加坚强。他第一首歌中这样写道："人总有理由生存，总有理由奋斗！"这就是一个大手笔者不屈不挠的精神写照。

人生就是在不断地攻克一个个目标的过程中升华的，唯有不断冲刺者，才能摆脱颓废，不断登上新的阶梯。因此，欲大手笔做事如果害怕失败，停滞不前，只能陷于失败的旋涡中。

自满之心不可有，不足之心不可无。要想巩固现有的成绩，就要时时保持大手笔的做事风格，不断进取。而且，在取得一些成功之后，不要停滞不前，只有继续冲刺，才是走向成功巅峰的上上之策。

百米短跑竞赛中，有的运动员跑完99米后，看到前面已经有好多人超过了自己，认为胜利无望，便不再继续冲刺，而是放慢了脚步，这实际上是输给了自己。其实，成功的秘诀与艺术就在这里。

很多人在做事过程中，总是浅尝辄止，殊不知，机会往往就在一瞬间，倘若再稍微做出一些努力，就会有所收获。做任何事情都不能只停留在空想阶段，一定要把想法快速落到实处，大胆去闯，才能行之有效。

希腊有一位演说家，他有些口吃，为此深感自卑。他的父亲为他留下了一块土地，希望儿子富裕起来。依据当时希腊的法律规定，一个人如果想要向社会公众声明土地所有权，首先必须在公开的辩论中战胜所有对手，否则，他的土地就会被没收，然后由政府公开拍卖。他参加了公共辩论赛，但是，由于性格内向、口吃与不自信，他在辩论赛中惨遭失败。这件事给他的打击很大，使他受到了严重的刺激，他开始认识到，如果轻易地接受了失败的事实，而不去努力，一辈子就只能在失败的阴影中度过，他决心改变这种困境。

从此以后，他开始勤学苦练，最后，他成功了，创造了希腊有史以来的演讲高潮，受到了许多同样有口吃的老人、青年和孩子的崇拜。他的成功给了人们许多鼓舞与启示：失败并不可怕，可怕的是失去了冲向成功的勇气与斗志，不断冲刺才可能看到成功的希望。

拿破仑·希尔说："在放弃所控制的地方，是不可能取得任何有价值的成就的。"

天底下没有轻易采摘的果实，如果能克服种种困难与失败，不断冲刺，就会更上一层楼，最终到达成功的顶峰。即使有99%想要成功的欲望，只要有1%想要放弃的念头，就可能与成功无缘。

"逆水行舟，不进则退。"做事的成败与否完全取决于自己，如果不逼迫自己向前方冲，引导自己攀向成功的最高峰，那么，只有后退，不可能前进。大手笔做人者，大多勇于开拓，具有不达目的誓不罢休的毅力，拥有奔腾不息的雄心，跌倒了一百次，也能勇敢地在第一百零一次爬起来继续前进。

不懈攀登的生活更有意义

有百折不挠的信念所支持的人的意志，比那些似乎是无敌的物质力量有更强大的威力。

——爱因斯坦

美国诺特拉·丹蒙足球队的教练劳·荷尔兹有一段传奇故事，他是从来都不能容忍借口和不行动的。荷尔兹在少年时很穷，也很凄惨，并且患有严重的口吃，他非常害怕在公共场所讲话，甚至到了不敢去上口语课的程度。

一天，他找到并学会了给自己确定人生目标的力量，他为自己确定了107个目标，其中包括：与美国总统进餐、漂流沱河、会见波普、跳伞中尽量延长张伞的时间、做诺特拉·丹蒙队的教练、得年度冠军和锦标赛冠军等。后来，荷尔兹已经完成了他107个目标中的98个。他超越了自己，获得了荣誉，创造了奇迹，不仅战胜了对自己不利的逆境，还战胜了许多我们认为不可能战胜的东西。

在完成目标的途中，有的人放弃，有的人半途而废，而有的人则一直攀登，不达目的，誓不罢休，也只有这样的人，他的目标才能实现，他的人生才有意义。

在放弃者、半途而废者和攀登者这三种人中，只有攀登者的生活是全面的。半途而废者仅仅达到了基本的物质生活，还处于生活的基层，离全面的生活还很远。但是，攀登者就不一样了，他们对自己要去干的事情具有很深刻的目标意识，并且具有很高的热情，两者无时无刻不引导着他们。他们知道如何体验快乐，并且把攀登看作是生活对他们的礼物和恩赐。攀登者知道山的顶峰不一定有最美的风景，但它具有一种神秘的、诱人的力量，而不是单纯的一个顶峰。就是这种力量吸引着攀登者超越自我。

攀登者注重的是长期的收益，而不是短期收益。他们知道现在每向前跨一小步，向上攀登哪怕一点距离，日后都会给他们带来很大的收获。这与半途而废者是完全不同的。攀登者把丰收放在了将来，而不像半途而废者仅仅对现状满足，并不敢去面对未来的可能性。

攀登者都是坚持不懈的，他们具有极强的体力和恢复能力。他们在进取中不断排除障碍，找寻攀登的道路。如果他们到了一个绝对无法把握的地方或者走到一条死路上，他们的方法很简单，就是原路返回。当他们累了，无法再向前跨上一步，他们仍然给自己施加很大的压力。"放弃"不属于攀登者的词语，他们是离放弃最远的人。他们具有成熟性，以及理解偶尔的后退不过是为了更好地前进这一道理。他们拥有超人的智慧，当然明白失败是进取的很自然的一部分。攀登者并不是蛮干的，他们的生活充满着真正的勇气和科学性。他们是生命的探索者。

当然，攀登者也是人。有些时候，他们也会感到厌倦，甚至担心失败；他们也会对自己的行为提出疑问，也会怀疑自己，或者感到孤独、受到伤害。有时，你会看到他们与半途而废者混在一起。然而他们之间的不同是，攀登者正在积蓄力量，等待重新恢复活力，并将开始新的攀登，而半途而废者却只希望自己一直待在营地。

攀登者善于迎接挑战，与他们的生活紧紧相连的是一种紧迫意识。他们自我鼓励，具有很高的精神动力，并且努力奋斗以获得生命的辉煌。

可以说，攀登者就是行为的催化剂，他们总是让事情得以发生。

生活中的"攀登者"总具有远见卓识，他们常常能够鼓舞人心。有时，他们也能成为一个好的领导者。甘地——一位印度的精神领袖，他把自己无畏地贡献给了自由与美好生活，正因为这样，他才成为整个国家的领导者。甘地就是一个不懈的攀登者，他的事迹持续不断地鼓舞着人们。

"立即干""做得最好""尽你全力""不退缩""我们能产生什么""总有办法""问题不在于假设，而在于它究竟怎样""没做并不意味着不能做""让我们干""现在就行动"，这些都是攀登者热爱的语言。他们是真正的行动者，他们总是要求行动，追求行动的结果，他们的语言恰恰反映了他们追求的方向。

背水一战，峰回路转

只有刚强的人，才有神圣的意志；凡是战斗的人，才能取得胜利。

——歌德

韩信伐魏后，向刘邦请示，要一鼓作气平定燕赵、田齐，然后兵锋南指，断绝楚军粮道，与刘邦会合。刘邦非常高兴，同意了他的请求。派张耳率领3万汉军与韩信会合进攻赵国。赵王歇、大将陈余得知汉军来攻，在汉军必经之路井陉口调集了20万大军，想凭借有利地形，与汉军决战。

陈余在韩信行动之前，已派人打探清楚，并做了充分部署。赵国广武君李左车是个非常有见识的人，他向陈余献计说要领兵截断韩信的粮草供应，但是陈余刚愎迂腐，以仁义之师不用诈谋为由，拒绝采用李左车之计。

　　韩信听说陈余没有采纳李左车之计，于是放心率领人马直抵距井陉口30里处，扎下大营。半夜时分，他开始调兵遣将，天色微明时，他又传下命令，激励士气，他叫将士暂以干粮充饥，待打败赵军后，再饱餐一顿；同时，他又派出一将，领精兵一万余人，渡过泜水，背水列阵。

　　韩信既不给士兵饱食，又背靠河流列阵，这是兵法上从来没有的，也是兵家之大忌，以常理度之，这是一种自绝退路的做法。赵军见韩信背水列阵，不禁暗自发笑，对韩信这位赫赫有名的大将开始怀疑。

　　天色已经大亮，韩信与张耳也渡过泜水，杀向井陉关口。陈余见韩信亲自领兵出战，一声令下，赵军营垒大开，数倍于汉军的赵军蜂拥而出，井陉关前顿时变成了血肉横飞的屠场。混战多时，汉军处于不利地位。韩信见时机已到，命令汉军丢弃旗鼓、兵器，缓缓后退。

　　赵军见汉军兵败后退，以为此次韩信真败，于是下令活捉韩信、张耳，留下守营的赵军将士，看到别人轻而易举地夺取了战功，也不禁心动，纷纷冲出来抢夺汉军所抛弃的物品。一时间赵军营门大开，竟无人防守。先前韩信派出的2000骑兵已经神不知鬼不觉地占领了赵军大营，还在酣战的赵军竟不知晓。汉军将赵军旗帜拔掉，插上了汉军大旗。

　　此时，韩信、张耳已引军退入背水阵中。陈余见到这种情形，以为韩信已经没有退路，于是，他下令破阵。此时，汉军的形势的确是非常危急的，已经陷入了绝境。正当汉军不知所措的时候，韩信翻身上马，用剑一指蜂拥而至的赵军，大声对众将士道："我们后退只有死路一条，只有杀败赵军，才有生路，况且赵军的关隘已经被我们拿下，他们的军心已经乱了。"于是，汉军又随韩信、张耳反身杀回，个个拼死向前，至死不退。

这时，天已近午，陈余见一时难破汉军，便下令收军，觉得胜利已经在掌握之中，不必急在一时。反正汉军背靠河水，也逃不了。然而，当赵军退临井陉时，忽见营中插满了汉军旗帜，一时人心惶惶。这时，后面追兵已到，前面汉军也已杀出，赵军顿时大乱，四处逃散。陈余随败兵逃亡时于乱军之中被杀，赵王歇也被汉军俘虏。

背水一战之所以会成功，是因为韩信所采用的是兵法上所讲的"置之死地而后生，投之亡地而后存"的战法，这是一种自绝退路的战术，其好处是可以充分利用将士的求生欲望，激发起他们最大的战斗潜力，从而拼命争取胜利。当然，这也是一种非常危险的战术，非有大智谋而不可用。

在西方也有同样的战例：当恺撒带着他的军队在英格兰登陆后，不给自己的军队留退路，把所有船只都烧掉。他的此种举动意在说明：此次打仗，不是胜利，就是死亡。做事有雄心、有决心的人采用此种孤注一掷的手段，可以迸发出拼搏的激情，从而转被动为主动，控制整个事情的局面。

"天下无难事，只怕有心人。"大手笔者多是"有心人"，即使在没有出路的情况下，也可以在险处开辟出一条属于自己的路，绝处逢生。做事过程中，凭借破釜沉舟的决心，孤注一掷，从而峰回路转。

一个真正拥有大手笔的人，意志坚定，不会以一时的得失而动摇自己的信念，也不会为一时的成败所困扰。面对挫折时，他们宁愿背水一战，也绝不放弃自己的目标，这是一种积极的做事态度。

韩信"背水一战"的战例充分说明了这一效果，体现了大手笔做人的艺术。

拿破仑说过："只有在危险之中才能享受到快乐的感觉。"

在事业到了十分困难、十分危急的时刻,也就是生死存亡的紧要关头,如果不用尽全力做最后一次拼搏,是难以挽回局面冲出困境的。做事要有大手笔,有时,在成败、生死系此一举的一刹那,如果没有机会去谨慎思考,不如殊死搏斗,说不定还有几分胜算。与其等待失败,不如破釜沉舟、背水一战。当然,在行动之前,也要有几分把握,千万不要盲目地去做一些无谓的牺牲。

做人要有大手笔,就是在遭遇困境的时候,要拥有钢铁般的意志、磐石般的决心、一往无前的勇气和不成功便成仁的信念,背水一战,险中求胜。

第五章
贵人扶一步，胜过十年路

一个人的专业与人脉竞争力是一个相乘的关系，如果只有专业，没有人脉，个人竞争力就是一分耕耘，一分收获；但若加上人脉，个人竞争力将是一分耕耘，数分收获。但是，真正的人脉不在于你认识了多少人，而是有多少人认识你，并愿意主动和你打交道，愿意帮你。不要再以认识谁谁谁、跟谁谁谁合过影为荣，成年人的世界里多是资源交换。所以，我们要打造好我们的人脉圈，维护好我们的人脉资源，积累我们的实力，拓展我们的关系，这一切"火种"都可以帮我们取得成功。

人脉铺设成功之路

一个人永远不要靠自己一个人花100%的力量,而要靠100个人花每个人1%的力量。

——比尔·盖茨

哈维·麦凯大学毕业那年加入了失业大军,原因很简单,当时正处于全国经济萧条时期,工作太难找了。

好在哈维·麦凯的父亲是位记者,认识一些重要人物。其中有一位叫查理·沃德的先生,是全世界最大的月历卡片制造公司布朗·比格罗公司的董事长。四年前,沃德因税务问题而入狱服刑。哈维·麦凯的父亲发现别人控诉沃德逃税的案件有些失实,于是赴监狱采访沃德,写了一些公正的报道,这使沃德非常感激麦凯的父亲。

出狱后,沃德对哈维·麦凯的父亲说,假如孩子毕业后想找个好工作,他可以帮忙。

哈维·麦凯跑了很多家企业,都由于经济不景气,公司裁员而被拒绝。父亲想起查理·沃德先生的话,便抱着试试看的想法叫哈维·麦凯给沃德打电话。

谁知沃德回答得十分干脆。他说:"你明天上午10点钟直接到我办公室面谈吧!"次日,哈维·麦凯如约而至。经过一番聊天后,沃德说:"你到我的直属公司工作吧,就在对街——品园信封公司。"

哈维·麦凯顷刻间有了一份工作,并且拥有极好的薪水和福利。

那不仅是一份工作,更是一份事业。42年后,哈维·麦凯已成为全美著名的信封公司——麦凯信封公司的老板。

在品园信封公司工作期间,哈维·麦凯熟悉了经营信封业的流程,懂得了操作模式,学会了推销的技巧,其中最大的收获就是他为自己积累了大量的人际关系资源。这些人际关系成了哈维·麦凯成就事业的关键。

俗话说:"多个朋友多条路,多个冤家多堵墙。"的确,我们生活在这个世界上,需要的是朋友而不是冤家,尤其大手笔者,就更需要真诚相助的朋友和良好的人脉关系,才会顺利地走上成功之路。

一个想成功、敢出头的大手笔做人者,必须获得众人的帮助,因为个人的力量毕竟有限,很多时候会遇到自己力所不及的事情,那么就需要依靠良好的人脉关系。

打造人际关系最有效的途径是广交朋友。多多结交朋友可以减少麻烦,避免许多尔虞我诈、你死我活的斗争。

那么,朋友在这中间怎样起作用呢?当今社会,信息可以说是取得成功的关键要素。广交朋友,善处关系,无疑是一条十分有效的获取信息的途径。这样,就能够在竞争中始终处于一种领先的地位,取得事业上的成功。

现实生活中,人脉资源起着举足轻重的作用,它是不可或缺的。对于个人来说,人脉资源的重要性也是不言而喻的,一个人是否能成功,在很大程度上取决于拥有多少资源,有多大的影响力,所以和适当的人建立稳固关系显得尤其重要。

每个人都有各自的性格特点，在人际交往中，如果想要结交更多的朋友，就要与不同性格的人交往。

"横看成岭侧成峰，远近高低各不同。"对于一个与自己性格不同的人，要从不同的角度去看他，这样看待问题就比较客观，才不会错误地衡量人、判断人。

与不同的人相处，不但可以拓展自己的社交圈，而且可以从别人身上学到自己不具备的东西：通过与他们交往，使自己了解更多的事情，知识越来越丰富，信息来源越来越广泛。

每个人都是社会群体的一员，人际关系就成了个人与社会交往的纽带。可是人际关系并不是一日之间可以建立起来的，需要长期经营。人际关系虽然重要，也不要急于求成，而是要以循序渐进的心态来经营。

生存离不开朋友的帮助，少了朋友的帮助你就无法在这个社会上愉快地生存。但志趣相同的人毕竟是少数，如果我们只与这些少数人来往，那么我们的交际范围一定十分有限，不能够向外拓展，这不是聪明人所该持有的交际态度。其实，与各式各样的朋友交往，对我们自己非常有好处，就像我们总吃一样东西，只吃我们爱吃的东西，有很多好东西我们都没有吸取，就会导致营养不良。朋友也是一样，只与自己个性相同的人往来，我们的交往范围就会受到局限，生存的空间就会变窄。

每个人都有各自的性格特点，在人与人的交往中，如果我们要结交更多的朋友，就要与不同性格的人交往。

总之，与不同性格的人交往，将使我们受益匪浅。

我们都难免会遇到困难，如果没有朋友我们很可能陷入孤立无援的境地，遇到困难就无法渡过难关。所以我们要想得到别人的帮助，平时就要为自己积攒友情的资本,做好铺垫,打下坚实的基础。

在一个人陷入困境时,最需要的是别人的关心与帮助,哪怕只是一句关心的话语,一声亲切的问候,一个小小的帮助,对于他来说也是一个极大的安慰,使他心中充满温暖和希望,并有勇气与信心战胜一时的困苦,努力干出一番事业。在他人最需要帮助的时候,如果你挺身而出拔刀相助,他会非常感激你,对你感恩戴德;如果日后你遇到困难,他也不会袖手旁观,同样也会帮你渡过难关,走出人生的低谷。

但是,如果你对他人有恩,也不要不可一世,使朋友伤心,虽说为人家做了好事,人家却不领你的情,相反,有的还反目成仇,不相往来。如果日后你有什么事找他,他愿意帮你吗?这等于断了自己后路。所以,聪明人在施恩于人后一定要谨言慎行,不要去计较你为别人做了些什么。

也许我们每个人都有过这样的体验,如果是无关紧要的事情,完全可以由自己来解决,朋友要是帮助你,你不会十分感激他。如果你遇到了难以摆脱的困境,迫切地需要朋友的帮忙,这时要是有朋友伸出援助之手,雪中送炭,救你于危难之中,对于他的帮助,你会终生不忘。

因此,在帮助朋友时,就要给他人最深切的帮助,给予实质性的帮助。

社会本来就是一个共同合作、共同生存、共同发展、共同进步的社会。你的交际圈决定了你的生存空间。就如你所耕耘的土地越广,你的生存的危险性就越小一样。所以,你应该放开胸怀,与人交往,尽量拓展自己的生活圈子,为自己的生存空间增加一些新鲜的色彩。

为人练达,处世得体,是人际交往中要遵循的一条法则。有了很好的人际关系,如果不去小心呵护、精心修补,就会遭受风吹雨打,就会令它很快破损。人们办事时,不要以为自己有张大网,就胆壮气粗,说话不讲分寸，做事不求步骤，那么你的资源反而会成为成功的绊脚石。

敢于大手笔做人，学会大手笔做人，才能成就大事。一个敢于成大事的大手笔做人者就得时刻注意谨慎交友，不要高估自己与他人的关系。有时一句话说得不对，就有可能失去朋友，甚至导致很大的麻烦。所以，即使拥有自己的人际关系网，也要时时刻刻去维护、去经营。

热情赢人心，微笑换真情

建立人脉关系就是一个挖井的过程，付出的是一点点汗水，得到的是源源不断的财富。

——哈维·麦凯

托马斯·爱德华是一家上市公司的负责人，也是一位拥有亿万财富的富翁。但在此之前，他只是一家公司的职员，不善言谈，表情呆板，不受大家欢迎。后来，他决定改变自己，于是经常把开朗的、快乐的微笑挂在脸上。以后的日子里，所有的人都意识到了爱德华的与众不同。

他每天早上都对他太太微笑，两个月中他在家所得到的幸福比以往一年还要多。

他跟每个人热情地打招呼，对大楼的电梯管理员如此，对大楼门廊里的警卫如此，对清洁人员也如此，他对待公司的所有同事都笑容可掬，热情帮助有困难的同事。结果，每个人都以微笑回报他。

以前讨厌他的人也逐渐改变了对他的看法，拉近了与他的距离，他慢慢变成了一个受欢迎的人。即使遇到很棘手的问题，也有人愿意主动去帮助他。

爱德华的故事清楚地说明了热情与微笑在人际交往中的重要作用，它可以帮助人们集结人气，获得良好的人脉，取得事业的成功。

大手笔者往往都有很好的人脉，因为良好的人脉可以帮助人们更快取得成功，所以人们就应该积极地去打造属于自己的人脉。

热情和微笑可以帮助人们完美打造出良好的人脉。

大手笔者往往会被人排斥，那么就要学会用微笑来"中和"，因为有句俗话说得好："伸手不打笑脸人。"面带微笑的、热情主动的人往往很容易被人们接受。在日常生活中，一个人不论地位是高是低，也不论是富还是穷，只要用热情的微笑去面对每一个人，便会给别人带去快乐和温馨，从而使自己的人脉越来越好。

微笑是世界上最好的礼物，把微笑挂在脸上，能够充当社交中的润滑剂，从而拉近人与人之间的关系。

一个不会微笑、整天一张冷面孔或盛气凌人的人，是不会有良好的人脉的。想要大手笔做人的人，就应该多多练习微笑，使自己懂得如何微笑，要真诚地以微笑示人，这样，不但自己容易成功，而且能够给别人带去快乐，因此何乐而不为呢？

热情是善意的信使，帮助别人的同时可以使自己更愉快。一个能够热情帮助别人的人，能够使对方看到希望，感受到生活的美好。

微笑在社交中是一个与人沟通的有效方法，也是文明素养的体现，它可以表现出一个人的涵养和素质。微笑是人际关系的润滑剂，它可以让你在人际交往中轻松自如地提升人缘，并为日后的成功种下善意的种子。所以，精明的人不会把微笑藏起来而将愁苦挂在脸上。

愁眉苦脸的人给人缺乏自信、消极悲观、没有能力的感觉，没有人愿意与这样的人交往，工作中领导也不会把重要任务交给他，因为他不能得到领导的信任。

微笑是希望和力量，它犹如春风吹拂着别人的内心。微笑不但可以帮助那些承受上司、同事、客户或家庭压力的人化解他们胸中的怨气，还可以帮助他们重新找到希望，让他们知道世界是美好的，生活是快乐的。所以人只要活着，就不能少了微笑。

热情善意的微笑可以给别人温暖，让一些对生活厌倦的人觉得生活还有希望，并且能够把送出热情的人当作知己，一旦知已有了困难，多半会全力相助。

一个不会微笑的人，就应该鼓励自己去练习微笑。一个不懂得帮助别人的人，就要学着把自己的热情送出去，鼓励自己轻松愉快对待身边的每一个人，这样才能够打造出自己良好的人脉，也是大手笔者所为。

借贵人之"光"照亮前程

友谊能增进快乐,减轻痛苦。因为它能倍增我们的喜悦,分担我们的烦忧。

——爱迪生

人要想成功,除了具备良好的品德、成就大事业的能力外,最重要的还是需要有贵人相助。而事实上,有许多传奇人物,在名不见经传的时候,都曾接受过贵人的提携。香港珠宝大王郑裕彤"借光",可谓是借出了名堂。

郑裕彤由于生意发展的需要,准备兴建一个规格齐全、现代化水平高的会议及展览场所,总面积达40.9万平方米,包括一座高55米的会议展览中心,一幢豪华住宅楼和两幢酒店。从1984年年底论证、筹划、达成协议以来,一切在按部就班地进行。

这样的一个大手笔自然引起了社会各界的关注。可令人不解的是,为什么郑裕彤迟迟不肯下动工令呢?资金自然不成问题,以郑裕彤的珠宝生意和新世界中心等地产生意来说,可谓资金雄厚,且与港府方面的协议早已签订。万事俱备,现在只欠哪股东风呢?

就在外人纷纷为此而猜测的时候,郑裕彤的"司令部"内已经处于临战前的紧张状态。手下人四处奔走,连郑裕彤也经常往返于公司与香港机场。

谜底终于揭晓，大出人们的意料——郑裕彤宣布的开工日期，恰恰是英国女王来访的那天。

郑裕彤竟敢拿自己的开工奠基仪式与英国女王的来访争锋？这老头被胜利冲昏了头脑了吗？

大家知道，女王来访在香港可不是一件寻常的小事。因为香港当时仍属于英国殖民管治，女王是英国的最高元首，访问香港虽说不是百年不遇，但也是难得一次。更何况这次来访的时间，是在中国和英国已经就香港1997年7月回归中国达成协议之后。虽不敢说这是英国女王对其殖民地的最后一次访问，但也必定会对香港的未来有重要影响。所以，这次出访，肯定是世界上最重要的新闻热点，届时，英国的电视、电台、报纸等机构的大批记者将会蜂拥而至，其他国家像美国、日本以及中国内地的记者也会跟踪采访报道，新闻热点肯定会被吸引到这边来。单单挑选这么一个时间来开工，可没人敢与女王唱对台戏。

当有好心的朋友担心地问起郑裕彤开工的事时，他只是笑而不答。

郑裕彤对外界的种种传言与猜测置若罔闻，镇定地指挥手下加紧做开工奠基的准备工作。

香港国际会议展览中心奠基的日子到来了。这一天，天气特别好，郑裕彤的职工们个个身穿礼服，精神振奋，奠基现场的大幅标语早已张挂起来，各种彩色气球飘荡在蔚蓝的天空，好一派隆重、热烈、气派的景象。

可是，英国女王这时已经莅临香港，港府的官员们全都迎接女王去了，新闻界记者们也都去了，全港所有人士的目光都集中在女王的身上，有谁会来注意这块尚未开发的地方呢？除了郑裕彤，有谁会对这儿更感兴趣呢？

奠基仪式开始的时间马上就要到了。这时，最后的谜底才对世人揭开——女王伊丽莎白二世也来参加奠基仪式了！她亲自用铁锹为中心铲下了第一锹土。

在场人士无不欢呼雀跃，以一睹女王仪容为快。而如逐花不舍的蜜蜂一般追随女王而来的各路记者，纷纷用自己手中的摄像机、照相机或是笔记下了这令人激动的时刻。全世界的电视观众、广播听众和报刊读者都知道了女王的举动，同时也都知道了香港国际会议展览中心和郑裕彤。

这是什么广告也不能够与之相比的宣传效果！

这是不知多少人想做而不敢做的广告，不知多少人想做而没能做成的广告。而郑裕彤做了，且做得那么漂亮！

借贵人之势能使你尽快得到提拔，让英雄有用武之地。

"借光"，从社会心理学的角度说，是一种心理现象，国外叫作"光环效应"。是指由于外在力量的影响，使某事物增光添色，就好像圣像头上的光环，使圣像显得更为高大、更有影响力。利用这一效应就可以借助权威的力量扩大自己的影响，比如我国古代"伯乐一顾，身价十倍"，实际上就是利用伯乐的力量，而在马身上加上了"神圣的光环"，从而抬高了马的价格。这种情况如果出现在人的身上，也能提高人的形象，增加人的光辉。

利用贵人的光，可以照亮自己的前程；借用贵人的形象，可以提高自己的知名度，扩大自己的影响。

月亮本身不发光,却能借太阳之光,使自己明亮起来。对于缺乏成功条件的人,有时必须要借贵人之光,才能超越平凡,以至于民间有这样的俏皮话:秃子跟着月亮走——想借光。

在这个人才辈出的时代,人人都渴望成功。而要想迅速地在激烈的竞争中脱颖而出,好的人脉是必不可少的。每个人都希望有好的机会降临到自己身上,也有很多人希望遇到命中的贵人,能够提携自己,给自己提供一个发挥才华的舞台。为此,在人生的交际场上,聪明的人一定要结交比自己有能力的人,并尊重他们。只有这样,人才能不断进步,获得更多上升的机会。

现在,大家都清楚借光的意思了,利用辉煌的贵人之"光",提高自己的知名度,扩大影响。这种策略在关键时刻能影响一个人的命运。

在当今社会里,这种靠贵人之力而使自己的事业步步高升的现象同样值得我们借鉴。贵人的引荐和提拔往往就是一块强有力的敲门砖,能够为自己赢得机会和广阔的舞台,充分地释展自己的才华,做到"怀才有遇",从而为自己进一步实现人生价值奠定基础。

寻找一个可借的光源照照自己吧,说不定你从不敢想的难事能轻易办成,而你的命运将会从此改变。

在技术、知识迅速更新的今天,仅靠个人的力量是很难获得成功的。而要想快速成功,有贵人的提携是必不可少的。

身处今天这个人际关系错综复杂的社会,是现代人的福气。善借贵人之"光",就可以让自己在短时间内收获于别人很长时间才能获得的成果,这既是人的成长历程,也是成功的保障。

编织一张尽量大的资源网

营造一张和谐舒适的人际关系网络，是您打开成功之门的钥匙。

——李嘉诚

有句谚语说得好："每个人距总统只有 6 个人的距离。"你认识一些人，他们又认识一些人，而他们又认识另外的一些人……这种连锁反应一直延续到总统的办公室。而且，如果你仅仅距总统 6 个人的距离，那么你距你想会见的任何人也就只有 6 个人的距离，不管他是一家公司的总经理，还是好莱坞的制作人，还是你想让其加入你的团队并支持你的名人。

你要相信世界上每一个人都精明，要令人信服并喜欢和你交往，那才重要。

成功的人大多是有资源的人。这种网络由各种不同的朋友组成：有过去的知己，有近交的新朋；有男的，有女的；有前辈，有同辈或晚辈；有地位高的，有地位低的；有不同行业的，有不同特长的，也有不同地方的……这样的资源网，才是一个比较全面的网络，也就是说，在你的资源网中，应该有各式各样的朋友，他们能够从不同的角度为你提供不同的帮助；当然，你也要根据他们的需要为他们提供不同的帮助。这才是资源网应当具有的特征。

资源网既然称作"网",就应当具有网的特点。也就是说,在这个网上朋友的构成有点有面,分布均匀。有的人交友却不是这样,他们结交的范围十分狭窄,分布十分不均。只在自己熟悉的范围内认识一些人,而这些人的行业和特长比较单一。这样就构不成一张标准的资源网了。

当然,不同的行业和不同的爱好会对交友形成较大的影响。如果你是商人,你周围的朋友大多也是商人,其他各行各业都可以以此类推。这就是我们在编织资源网的时候常常遇到的局限,这种局限影响到资源网的价值。

这就要求人们交朋友不能太单一,不能完全局限于和自己具有共同爱好和兴趣的人之间。正是因为你在某一方面有特长、有爱好、有优势,才要有意地结识与你的特长、爱好、优势有差别的人。

广泛的交往是机遇的源泉。交往越广泛,遇到机遇的概率就越高。有许多机遇就是在与朋友的交往中出现的,有时甚至是在漫不经心的时候,朋友的一句话,朋友的帮助、关心等都可能化作难得的机遇。在很多情况下,就是靠朋友的推荐、朋友提供的信息和其他多方面的帮助,人们才获得了难得的机遇。因此,从这个意义上说,交往广泛,机遇就多。但不可急功近利,有许多机遇是在交往中出现的,而在初步交往中,人们很可能没有看到这种机遇,在这个时候,不要因为没有看到交往的价值,就冷淡这种交往。谁知道与谁的交往会带来更大的机遇呢?

实际上,你的资源网远比你意识到的要广大得多。你实际拥有的网络延伸到你每天都有联系的人之外,更多的联系包括你与之共同工作和曾经一同工作过的人们,你的同学和校友、你整个大家庭的成员、你遇到过的孩子的父母、你在参加研讨会或其他会议时遇到的人,这些人都会是你的网络成员。你的网络成员还包括那些你在网上认识的人，以及与他们有联系的人。

每一个人都喜欢跟他喜欢的人做生意，而且愿意帮助他喜欢的人。

这种关系不是魔术般建立起来的，它需要多年的时间和精力才能发展起来。与同事和生意伙伴一起打高尔夫球，参加社区的筹资活动，加入乡村俱乐部和一些商业组织，所有这些投入都是为建立自己的网络在做准备。

确定一下你想在哪个领域多学些知识和经验。也许你计划开始做咨询业务，或者成为音乐家，或在国际互联网上销售一种新产品，谁能够向你提供你所需要的专业知识呢？尽量列出潜在的可以利用的资源。如果他是你公司的某个人，那就接近那个人。不断地与你小圈子里的人进行交流，问问他们是否认识一些这个领域的人。通常你得到的名字往往又引出其他人，这样延伸下去直到你找到你想要见的人。

假如你的每一条道路都走向了死胡同，那么就做一些调查来发现你需要的人。找一些最近写过那个领域的文章的人，给他们每个人写封信告诉他们，你的问题是什么，或是发封电子邮件，这种方法现在可以便捷地与某个大学的教授或者某个公司总裁等各种各样的人建立起直接的联系。请求他们向你推荐可能帮助你的人，或给你提供其他的资料。充分利用现代的通信技术，而且最重要的是，现在就开始行动！

要想成功，就努力和成功者站在一起

人生最大的财富便是人脉关系，因为它能为你开启所需能力的每一道门，让你不断地成长，不断地贡献社会。

——安东尼·罗宾

1965年，一位韩国学生到剑桥大学主修心理学。在喝下午茶的时候，他常到学校的咖啡厅或茶座听一些成功人士聊天。这些成功人士包括诺贝尔奖获得者、某一些领域的学术权威和一些创造了经济神话的人，这些人幽默风趣，举重若轻，把自己的成功都看得非常自然和顺理成章。时间长了，他发现，在国内时，他被一些成功人士欺骗了。那些人为了让正在创业的人知难而退，普遍把自己的创业艰辛夸大了，也就是说，他们在用自己的成功经历吓唬那些还没有取得成功的人。

作为心理系的学生，他认为很有必要对韩国成功人士的心态加以研究。1970年，他把《成功并不像你想象的那么难》作为毕业论文，提交给现代经济心理学的创始人布雷登教授。布雷登教授读后，大为惊喜，他认为这是个新发现，这种现象虽然在东方甚至在世界各地普遍存在，但此前还没有一个人大胆地提出来并加以研究。惊喜之余，他写信给他的剑桥校友——当时正坐在韩国政坛第一把交椅上的人——朴正熙。他在信中说："我不敢说这部著作对你有多大的帮助，但我敢肯定它比你的任何一个政令都能产生震动。"

　　这本书鼓舞了许多人，因为它从一个新的角度告诉人们，成功与"劳其筋骨，饿其体肤""三更灯火五更鸡""头悬梁，锥刺股"没有必然的联系。只要你对某一事业感兴趣，长久地坚持下去就会成功，因为上帝赋予你的时间和智慧够你圆满做完一件事情。后来，这位青年也获得了成功，他成了韩国泛业汽车公司的总裁。不少人愿意结交与自己类似的人，同时，在与这样的人交往的过程中，自己也会慢慢成为这样的人。

　　著名人际关系学家罗伯特·清崎曾经说过一句发人深省的话："你想要创造多少财富，就要接近拥有那么多财富的人。"同理，一个人想要获得更大的成功，就必须努力和成功者站在一起，多结交能够助你一臂之力的人。

　　正如欧洲首席致富教练谢菲尔所说："要想成功，经常和已经取得成功的人士打交道是有好处的，少和不思进取的人在一起。这些人很可能为人很不错，对于你的成功却没有什么帮助，只有负面影响。"

　　自己走百步，不如贵人扶你走一步。人若能多结交"重量级人物"，就会在人生路上左右逢源，立于不败之地。对于一个渴望成功的人来说，贵人可谓是生命中的一个支点，凭着他们，你可以轻松撬起沉重的人生，让自己的生命之花绽放得更加美丽。因此，结识你生命中的贵人，努力积累自己的人脉是每个想成功的平凡人的当务之急。

　　所以，有人说："要判断一个人的水准，看看他周围的朋友就知道了。"因此，人想要改变自己，应该首先从改变自己的交友方式做起。譬如，你想做得比现在更好，那么，就要努力结交那些某方面或各方面比自己强的人。因为这样做，你不仅拓宽了自己的眼界，同时也为日后能得到对方的帮助打下了基础。

其实，我们每个人的关系网都比自己现实中的要广阔得多，你之所以不满意你现在的状况，就是因为你没有挖掘自己的人际潜力。比如，一家公司由于经营不善，马上就要破产了。面对这种情况，有人像无头苍蝇一样不知如何是好，有人则已悄悄打电话联络，积极寻找下一个工作机会。而这些私下寻找其他工作机会的人就是能够获得实惠的人，他们或许会比不去想办法改变的人活得好一些。也许有人说他们太"势利"，但这种"势利"交友的人并非鬼鬼祟祟，而是善于利用实际的关系，高明地选择自己的交友范围，这正是他们成功的秘诀。

如今，单枪匹马闯天下的时代已经一去不复返了，能否和成功者站在一起，是一个人能否有所作为的关键。

人往高处走，水往低处流。一定要学会与比自己更成功的人合作，他们能带给你的，很多时候并不仅仅是金钱。

成功的人因为成功而高高在上，他们对命运已经有了感恩的情怀。这使他们在人际关系上显得较温和。聪明的生意人总是善于与比自己更成功的人合作。

1. 他们是成功的人，所以他们处在社会生活的光彩之中，被人羡慕，有说话权，受到人们广泛的尊重。但他们的成功也不是从天上掉下来的，他们也有自己成功的艰难史。除了个别人是靠侥幸外，大多数人都有着主观努力的内在原因，应该去和他们分享才对。

2. 走向成功或已经成功的人，他们不仅很努力，受教育的程度比较高，智商也比较高，因此他们有头脑、有主见，对事物有自己的看法和判断。知道什么对自己有利、什么对自己无利，自己应该维护什么、抵制什么。对自己的根本利益，他们会坚决捍卫。这种人对事物拿得起放得下，只要对他们有利，他们也会主动让些利益给别人。

3. 由于他们有资本、有见识，跟他们合作，他们能帮的忙也乐于帮。而且由于他们的能力相对较强，所以他们出一点力，也能给你派上大用场，而他们也不觉得就付出了什么大不了的。如果他们觉得你比较重要，对其确有用处，他们更会热心投入，送你一路东风。在双方有共同利益时，他们的心理也比较明快，让你能感到成功者的睿智和其他生命的可爱。

4. 成功人士的能力较强，社交圈子大，背景深厚，所以他们的人际关系是一种标准的资源，折腾几下就是金钱。因此，通过与他们的合作，巧妙地利用他们的人际关系——人际资源，这也是一笔巨大的财富，而且其作用还不仅仅是财富就能涵盖的。

5. 从环境和成功对人的影响来看，成功的人大都比较有涵养，爱三思而后行，比较温和，能够分享。与成功之士一起共事，你也会慢慢变得稳重、温和、爱思考和有涵养，从而一步步接近自己的目标，成为成功人士。

重视那些看似无关紧要的"小人物"

不要瞧不起任何人，因为谁也不是懦弱到连自己受了侮辱也不能报复的。

——《伊索寓言》

如果你是一个聪明的人，就应该学会用长远的眼光看问题，在人际交往中绝不要轻视身份低微的小人物，而应该主动去结交他们。

中国台北"身心灵成长协会"的创办人赖淑惠，就是因为重视结交小人物而走上成功之路的。

当时，赖淑惠住在一座大厦里，同时兼营这座大厦的房产中介。经过一番细心观察，赖淑惠发现，凡是对大厦有兴趣的客户，首先询问的就是大厦门口的管理员，他们总是向管理员打听大厦住房的买卖情况。

细心的赖淑惠从此开始有针对性地结交这些管理员。每天出入大门，赖淑惠必会向当日值班的管理员打招呼，出差返回也会顺道带些当地特产略表心意。赖淑惠把管理员当成家人一样关心，让他们非常感动。而赖淑惠这样做的结果是，以后每当有人前来询问房产信息时，管理员都这样回答："你去问住在八楼的赖小姐，她是做房产中介的，而且非常讲诚信，这样你们就不必再找其他中介了。"而且，每当楼里有人要卖房子，赖淑惠也总是第一个得到消息。

赖淑惠重视小人物，让自己赚取了丰厚的利润。

在日常的人际交往中，很多人会有意或无意地关注对方的身份、地位，以此来决定自己是否要与其交往。虽然这类行为被人们讽为"势利眼"，但由于种种原因，却是事实存在。很多人都想结交权贵，常对那些小人物心存鄙视，然而到最后，却往往是"阴沟里翻船"。阻碍他们成功的，恰恰是这些看起来无关紧要的小人物。

因此，不仅要结交"权贵"，还要重视权贵身边及自己生活中的一些小人物，要知道，小人物有一天也可能变成大人物，而且，在某些关键时刻，小人物可能就是你的贵人。

老话说"千里之堤，溃于蚁穴"，小人物的力量是不可小视的，他们也会在特定的时候发挥出极大的作用。因此，聪明的人一定要懂得重视他们的存在，这样才能使你的人生旅程更加顺利。如果你是个有身份、有地位的人，若能对身边的一些小人物表示出重视，则可以换来他们对你的无限忠诚。因为他们都很想结识像你这样的人，当你给予他们一定利益的时候，他们就会对你感激不尽，从而对你所交代的事情执行到底。

曾经见过一则报道，一家大公司的财务室被盗，而冒着生命危险与歹徒搏斗到底的，竟是该公司的一名清洁工。当被问及这样做的原因时，他的回答是：因为公司老总每次经过他负责的区域时，都会夸奖他扫的地很干净！

那些看似无足轻重的小人物，就像海上的小船一样，有时可以助你到达成功的彼岸，有时也可能让你葬身鱼腹。而他们是成就你，还是破坏你，关键在于你如何对待他们。如果你掌握一些与小人物的相处之道，或至少能做到尊重他们，他们就会像那位清洁工一样为你拼死效命。

由于种种原因，人与人的思想总会存在着很大的差异，对同一个人或事物的看法也会大相径庭。

比如，在生活中，我们常会看到这种现象：一些人觉得自己有一定的地位，因此，只尊重上司或老板，而对那些同级或底层的员工则熟视无睹，认为自己根本不需要在乎他们，这种做法其实是进入了一个人脉误区。

所谓"尺有所短，寸有所长"，小人物虽然地位不高，但他们有各自的优点和长处，很多时候，像美国总统选举一样，大人物都需要小人物的支持，才能够让自己的前路更加平坦。因此，身为平凡人，不管你现

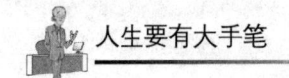

在有着怎样的身份和地位，一定要学会未雨绸缪，平时多尊重和关心身边的小人物，尽力帮助他们，千万不要"平时不烧香，临时抱佛脚"。如果小人物对你心怀感恩，在你有需要的时候，他们往往能发挥出比大人物更重要的作用。

要记住：站在山顶和站在山脚的两个人，虽然地位不同，但在对方的眼里，同样是渺小的。聪明的人，平时应该多关注身边那些不起眼的小人物，这样对自己来说，损失不了什么，却能让你获得更多的尊重。即便在你遇到困难时对方帮不上大忙，但至少不会落井下石。

巧用名人名望

在业务的基础上建立的友谊，胜过在友谊的基础上建立的业务。

——洛克菲勒

凯林顿是英国伦敦一个贫困人家的女儿，因家里没钱供她上学，年仅18岁就在酒店当了一名服务员。服务员的工作是极其辛苦的，而且一年下来也挣不了几个钱，这让凯林顿失望至极。于是第二年她在父母的支持下，拿家里的房产作抵押向银行贷了10万英镑，开了一家小型的珠宝店。在珠宝店开张之初，凯林顿雄心勃勃，准备借它干出一点大的名堂来。怎奈店小本少、人微言轻，默默无闻地经营了4年，生意仍十分清淡。每年的经营收入还清银行的本息之后，几乎所剩无几。

第五章　贵人扶一步，胜过十年路

　　看到同行们生意越做越好，如日中天，凯林顿心里真不是滋味。她苦苦思索，该如何从困境中突围呢？她想，要走出困境，必须树立小店的形象，扩大小店的影响。但是如何树立小店的形象，扩大小店的影响呢？一时间，凯林顿还真有点束手无策。

　　凯林顿在清淡的生意中又苦苦撑过了一年。时间很快就到了1985年。一天，凯林顿从电视上看到一则十分引人注目的消息：查尔斯王子即将与戴安娜王妃举行婚礼。就在看到这一消息的一刹那，凯林顿突然灵光一闪，根据她多年的经验，任何重大活动来临之时，必然会出现许多商机，根据自己的行业，凯林顿认为一定能在这次举国联动的活动中找到商机，并让自己的珠宝店从困境中突围出去。她想：新娘戴安娜乃英国第一美人，是英国年轻人心目中的完美偶像，也是许多王公贵族的公子哥儿所追求和仰慕的对象，具有很高的威望。如果借助她的声威，装点自己的珠宝小店，不是可以立即声名鹊起、生意兴隆吗？

　　然而，对于既没有多少金钱又没有什么地位的她来说，想请到戴安娜几乎是不可能的。怎么办呢？后来，她终于想出了一个借"假虎"的点子。这一想法着实让她激动了好一阵。主意一定，凯林顿便行动起来，她穿街走巷，四处奔走，企图寻找一个酷似戴安娜的年轻女子，来个以假乱真。可是，好几天过去了，她寻找的对象都没有出现。

　　这天，凯林顿经过一家服装店，看了几个女模特儿的时装表演，偶然发现其中有一位女模特儿容貌姣好，酷似戴安娜，不禁怦然心动，于是以优厚的报酬，聘请这位女模特做一次展示表演。她请设计师依照戴安娜的照片对这位女模特儿做了一番精心的装扮，使她俨然就是个戴安娜的分身。接着，凯林顿特意向伦敦一家电视台散布明晚将有贵宾光临珠宝店，特邀记者独家采访这则热门新闻。但她提出一个条件，此贵宾非同一般，因有约定，所摄图像可以播放，但不准加入解说词。

第二天晚上，凯林顿的珠宝店装扮得焕然一新，灯火辉煌，小店门前两旁挤满了前来一探究竟的民众，几个店员毕恭毕敬在门前迎候。不一会儿，一辆豪华轿车缓缓驶到小店门前，小店老板凯林顿走过去打开车门，一位艳冠群芳的女士从容走下车来，彬彬有礼地向围观的群众点头致意。突然，不知是谁高叫了一声："戴安娜王妃！"人群立即一阵骚动，都争先恐后地挤上前去，想一睹神秘王妃的风采。电视台的记者也甚感机会难得，连忙拍下了"王妃"莅临珠宝店、人们夹道欢呼的镜头。看到这一火爆场景，凯林顿心里暗自得意，连忙迎进这位"戴安娜王妃"，并在她走进店内之后马上令店员关上大门，停止营业。人们理解凯林顿保卫"王妃"安全之意，但站在店外迟迟不肯离去。

次日，当人们打开电视机时，猛然看到戴安娜王妃莅临凯林顿珠宝店的热烈场景，全伦敦为之轰动，都认为该珠宝店的珠宝一定非同寻常，于是争相打听珠宝店的地址，欲前往购买一些珠宝作为纪念。凯林顿珠宝店顿时身价倍增，此后几日，门庭若市，热闹非凡，营业额直线上升，不到一个星期，就获利20万英镑。凯林顿因此发迹，后来成了英国伦敦赫赫有名的"珠宝大王"。

这个伦敦珠宝店的老板借用人们对王妃的仰慕之情，巧妙地制造出"王妃"光临珠宝店的景象，让"王妃"的光环吸引人们的眼球，同时把这个"最新消息"投放到电视台上大力宣传，使珠宝店蒙上一层神秘的"皇族"气息。

戴安娜在英国人的眼中是潮流的指针、时尚的标志、成功的楷模，她的一言一行时刻受到国人的关注。特别是一些好赶时髦的年轻女性，更是把戴安娜视为偶像，把她的穿着佩戴奉为经典。有着如此广泛的"群众基础"，珠宝店的老板巧妙地利用"戴安娜"给她创造了无限的商机。

只要你眼光够远，思路够开阔，你就会发现你有很多可以借助的"虎威"。而且以今人的眼光来看，借用名人名望也并没有什么不好，一个人能利用一定的关系帮助自己，这也证明了他有惊人的勇气和过人的头脑。

弱小的狐狸可以借着老虎的威严炫耀自己，那么，普通人为什么不能借着名人名望来宣传自己呢？

同样一种蔬菜有很多不同的做法，做法不同烹出的味道千差万别；同样一副牌有很多不同的打法，打法不同其效果自然也大相径庭。这正如"名人效应"，谁都知道借"名人"之"威"可以行己欲之事，但怎样用更好，如何借才更妙，才是我们需要深刻思考和潜心研究的。只有这样，你才能在商场的战斗中如虎添翼。

都是借用名人效应，但对象不同，情况有异，在聪明的人手里就有不同的借法。

正确认识自己，承认自己的弱小地位，是运用名人名望的先决条件。作为一个羽翼未丰的小型企业来说，过分争强好胜，是不会有什么好下场的。只有先找到自己的确切位置，并善于借势，才能借风行船，由弱变强。

其实，借名人名望不一定单是指有权有势的大人物，它也许是一个组织或者协会，它的梦想和观点与你的一模一样。通过跟别人携手合作，同心协力，你就能够制造出这样一种新局面。

好风凭借力，送我上青云

世有伯乐，然后有千里马，千里马常有，而伯乐不常有。故虽有名马，祇辱于奴隶人之手，骈死于槽枥之间，不以千里称也。

——韩愈

1871年，美国大资本家古尔德收购了除国库外的美国市场上所有的黄金，基本上控制了市场上的黄金价格，但是国库还有大量黄金，如果政府抛售黄金，金价势必会下降。为此，古尔德想方设法控制国库的黄金市场投放。

古尔德了解到，当时的总统格兰特有一个妹妹嫁给了柯尔平上校，而柯尔平并不富裕。于是，他有了主意。

一天晚上，古尔德专程到柯尔平家拜访，十分客气地邀请他入股投资黄金生意。柯尔平十分坦率地表示自己没有资本。古尔德忙说："不要紧，你用不着拿一分钱，只要表示一个愿望就行了。我很敬佩上校的为人与才能，十分想结交你这个朋友，这点小意思就算鄙人的一点诚意吧。"

柯尔平看到有利可图，心想何乐而不为呢！于是二人签约：柯尔平在古尔德那里认购200万美元的黄金股，只要黄金价格上涨，每周可以领到这些黄金股的溢价差额,若黄金下跌,按规矩,他要相应作出赔偿。

为了防止金价下跌,柯尔平用不着古尔德示意,自己就主动地利用妻子的关系,劝总统不要抛售政府手中的黄金。通过这种方式,柯尔平着实赚了不少钱。

市面上黄金渐少,金价自然飞速上涨,引起全美国一片愤怒之声,总统格兰特迫于舆论压力,决定抛售国库黄金。柯尔平等劝说无效,马上把这一紧急情况告诉了古尔德,同时又设法劝说总统暂缓一天宣布。就在这一天内,古尔德抛售了他所有的黄金,一天净赚了2000万美元。

一天之内净赚2000万美元,这是古尔德一生中最大的杰作,他使用的方法就是结交关键人物以借势取利。生活中,有许多人都像故事中的古尔德那样具备发现自己贵人的眼光,并在这些人身上进行投资,为自己的将来谋取利益。"好风凭借力,送我上青云",如果能结交与自己的利益息息相关的人物,找到支持自己的后盾,必然无往而不胜。

有句话说"对着镜子办事要比摸着石头过河轻松",的确,一个人的力量毕竟是有限的,所以一个成功的大手笔做事者要学会一大技巧:"借势发挥"。

"借势发挥"就是利用对方的优势来弥补自己的不足。"利用"一词似乎带有贬义,但与朋友合作,互相帮助的确是成就事业的一种方式。大多数成功的人都善于运用他人的力量为自己做事。他们善于观察别人,结交别人,为自身助力,从而在自己陷入逆境时获得帮助,走出逆境。所以，想成功，就要善于借用周围环境中的一切力量，要让别人愿意为你出力，帮你走出困境。

做任何事情，都应当巧借他人之力，缓己燃眉之急。这是成功的硬道理。

一个人要想在事业上获得较大的成就，除了靠自己的努力奋斗之外，还要借助别人的力量，才能在很短的时间内较快地达到自己的目的，而这个别人就是你丰富的人际关系。

看过《红楼梦》的朋友都知道，在大观园最后一次诗会上，薛宝钗的一首《柳絮词》有一句点睛之笔："好风凭借力，送我上青云。"联系到人际关系上，就是要巧用外力，达到自己的目标。

在自然界中，借力现象也是普遍存在的。人们虽然都知道月亮本身不会发光这个道理，却仍对月光青睐有加。其实，月亮只不过是反射了太阳的光芒，而这种巧妙的"借"法，却大大提升了自身的价值；而海洋中的一种小牧鱼，能巧妙地借助令不少人和动物生畏的水母做"保护伞"。现实生活中，聪明的人也可以像月亮、小牧鱼一样，借助人脉的力量成就自己。

人在拓展人脉的过程中，借力不仅为一种提高自身形象、扩大自己影响的策略和技巧，也是一种卓有成效的为人处世的成功之道。

值得一提的是，一提到借力，很多人就会有一个误区，似乎借力就是借助某人的势力达到自己不可告人的目的，其实这种想法是片面的。实际上，大凡能为自己增光添彩的事，只要不会给任何人带来伤害，你完全可以巧借；名人、名地、名言，甚至衣服、籍贯、言论等，都是人们的可"借"之"力"。虽有讨巧之嫌，但既然不会给被借方带来不利，又会给自己带来收益，聪明的你为何不去"借"用一下呢？

要知道，每个人都会遇到不顺利的事，当你为眼前的困难伤心失落时，如有贵人相助，助你走出困境，当然是求之不得的好事。所以，是否善借外力，也是我们的人生是否顺利的一个重要环节。

团结合作，得道多助

处理人际关系的能力，远超日光之下任何其他能力。

——洛克菲勒

在工作、赚钱、事业发展方面，我们需要别人的支持合作才会成功。世上现存的植物当中，最雄伟的当属美国加州的红杉。红杉的高度可达100米，相当于30层楼高。

科学家深入研究红杉，发现许多奇特的事实。一般来说，越高大的植物，它的根理应扎得越深。科学家却发现，红杉的根只是浅浅地浮在地面而已。理论上，根扎得不够深的高大植物，是非常脆弱的，只要一阵大风，就能将它连根拔起，可红杉又如何能长得如此高大，且屹立不倒呢？红杉生长在一大片的红杉林中，这一大片红杉彼此的根紧密相连，一株接着一株，结成一大片。自然界中再大的飓风，也无法撼动几千株根部紧密联结，占地超过上千公顷的红杉林。红杉的根浅，也正是它能长得如此高大的原因。它的根浮于地表，方便、快速而大量地吸收水分，使红杉得以快速茁壮地成长，同时，它也不需耗费能量像一般植物扎下深根，而是用绝大部分能量来向上生长。

做人的大手笔也如红杉林生长一样，需要建立充分而紧密的合作关系，才能创造出屹立不动的伟业。

有一个寓言故事是这样的：一只狮子和一只狼同时发现一只小鹿，于是它们就商量好共同追捕那只小鹿。它们合作得很好，当狼把小鹿扑倒后，狮子便上前一口把小鹿咬死了。但这个时候狮子居然起了贪心，不想和狼平分这只小鹿。于是它就想把狼也咬死，可是狼拼命地抵抗。后来狼被狮子咬死了，狮子也受了很重的伤，它们都没有办法享受美味了。

试想一下，如果狮子不如此贪心，与狼共享那只小鹿，岂不就皆大欢喜了吗？

孟子说："天时不如地利，地利不如人和。"说的就是要有良好的人际关系，这不但是战争中的有利因素，更是生活中处世的重要因素。所以，大手笔做事的人，要创造良好的人脉关系，学会与人合作。

中国有句俗话："众人拾柴火焰高。"相信每个人都会认同话中的道理。

要想成大事，应善于培养合作精神，即发挥合力的作用。合作需要有一种主动、积极的态度，可以合作的不仅仅是我们所喜欢的人，也包括我们不喜欢的人，因为每个人身上都有我们值得学习的东西。青年人不但要有良好的与他人合作的习惯，更要培养与他人开展良好合作的精神。

所居之处不一定非要没有坏邻居，聚会也不一定要避开不好相处的人，关键是能够从任何人那里汲取有益的东西。为人处世的一个重要原则，就是"自持"——自我控制欲望和情绪。能自持，就不怕"近朱者赤，近墨者黑"，即便生活在污浊的环境里，也能保持自己清白的人品。

如果有一个恶邻或品德不好的朋友、同事，正可以锻炼自己的修养和定力。再说，恶邻和"损友"毕竟也是社会的一分子，他们身上也许有一些东西还值得我们借鉴。

在人际关系中，要注意彼此之间和谐和互助的合作，在面对利益的时候不可有独吞的贪念，因为那样不如共享，只有双赢才能长久，才能和谐，以后的路才会更好走。个人的力量是有限的，想要成就一番事业，注重团结合作是非常有必要的。只要有心与人合作，善假于物，取人之长，补己之短，而且能互惠互利，就能让合作的双方都从中得到益处。

在竞争激烈的21世纪，谁都不可能将竞争对手绝对地打败，所以，一个懂得高瞻远瞩，一个大手笔的人，要学会与人合作，争取双赢。

多与志同道合的人交往

和太强的人在一起，我会感觉不到自己的存在。交朋友不是让我们用眼睛去挑选那十全十美的，而是让我们用心去吸引那些志同道合的。

——罗曼·罗兰

在卡耐基的一生中，友谊是其生活的重要组成部分，他说："如果没有友谊，我就无法活下去。"

卡耐基共结交了三位挚友：赫蒙·克洛依、法兰格·贝克尔和罗威尔·汤姆斯。

赫蒙·克洛依是来自卡耐基故乡玛丽维尔的作家，自幼就聪明过人，还在小学时代，就在《哈里》杂志上发表过文章，也算是小有名气。

卡耐基和他都是从玛丽维尔走向纽约的。但赫蒙·克洛依似乎更幸运些，他在《圣约瑟夫报》《圣约瑟新闻》担任记者之后，找到了一个最适合他的职位——巴特瑞克出版社编辑欧多干的助理。

刚开始时，他们两人并没有什么交往，在一次偶然的度假中，卡耐基遇上了克洛依，两人交谈起来，讲述了各自在纽约的奋斗历程。

卡耐基在和克洛依的一系列交往中，逐步建立起了深厚的友谊，成为一生的挚友，关系一直持续到卡耐基逝世。

两人都有共同的兴趣爱好，喜欢旅游，而且还经常一同出去游泳。

一次游泳中，克洛依问卡耐基：

"亲爱的戴尔，为什么不尝试写作呢？"

"我正在积极地准备。"卡耐基兴奋地回答。

从此，卡耐基提起了笔，下定决心进行创作，在卡耐基一生的畅销书创作中，克洛依的帮助功不可没。

卡耐基对克洛依在他成功道路上起的作用，非常感激，为此，他特意在《影响力的本质》一书的扉页上写了一段话赠给克洛依，他写道：

"让我以最高的名誉把此书献给我最尊敬、最重要、最诚实的朋友。"

法兰格·贝克尔曾是卡耐基的学生，他们的友谊是在卡耐基培训班上开始的。

对于卡耐基来说，贝克尔简直就像是位明星学生。因为他从卡耐基课程毕业后，事业蒸蒸日上。

贝克尔用他的实际行动来证明卡耐基理论的高明。

为了表示对卡耐基课程的支持，他特别希望能帮助那些处于贫困或者事业无法拓展的人们。因此，他也成了卡耐基家中的常客，因为他永远记着卡耐基对他的帮助。

他们的旅行演说获得了空前的成功，在每个州的演说中，会场都坐得满满的，大家都争先恐后地去听卡耐基和贝克尔的讲演。

每次讲演后，听众们总是渴望与卡耐基进行直接的交流，而有些则非常崇拜贝克尔，因为他是从一无所有到百万富翁的成功典型。

这位全美最佳销售人员的大力推荐，确实有助于卡耐基的教学发展，而且从贝克尔的见地中，卡耐基也学到了很多新的知识。

而与罗威尔·汤姆斯的交往完全出于偶然。

汤姆斯在普林斯顿大学时，为了赚取一些零用钱，答应到普林斯顿一带的地方俱乐部及社区解说去年夏天访问阿拉斯加情形的报告。

汤姆斯为了完成任务，为即将来临的讲演做准备，决定去纽约拜访卡耐基。他们两人合作并取得了轰动性效应。从此以后，卡耐基和汤姆斯成了好朋友。

1917年4月6日美国对德宣战。汤姆斯受邀成为一名记者，赴欧洲报道战况。1919年汤姆斯返回纽约时，带回了许多战时在中东历险和旅行的照片。这时，在他的心中萌生了一个很好的计划。他随即给卡耐基发去电文，希望卡耐基能予以相助，帮他准备一些相关的文稿。

接到电报后，卡耐基略做准备，便匆匆地收拾行装奔赴伦敦。

终于，功夫不负有心人，首场演说获得了轰动性的成功，伦敦的新闻界整天都对此进行报道。

这是卡耐基演讲中一次新的尝试，他心甘情愿地做朋友的助手，帮助朋友的事业取得成功。

初次的成功给他们带来了极度的喜悦。他们开了一个小小的庆功会，汤姆斯端着一杯酒对卡耐基说："为我们的友谊而干杯，为我们的事业成功而干杯！"卡耐基举杯回祝。

以后的演说吸引了越来越多的观众，他们成群结队地前往皇家阿伯特尔大厅，甚至也有不少人从英国的其他城市赶来听他们演讲。

演讲任务完成后，卡耐基满怀喜悦地返回纽约。

对卡耐基而言，友谊的感受是非常深刻的，而他对增进友谊也是全身心地投入的。如果一个人孤独地在社会上生活，身边没有一个能够信赖的朋友，他的事业是肯定不会成功的。

卡耐基事业的成功，固然与他自己的艰苦奋斗分不开，但是，如果没有这些挚友的支持和帮助，卡耐基的成功就不会如此辉煌。

我们不妨设想，有这么一个人，他既不能与你信息共享、情感沟通，也不能与你相求相助，你会与他交朋友吗？恐怕不会。可见，人际交往的圈子需要有选择地拓展，选择就是一种目标的体现。

建立"关系"，首先要认清目标；接着找有相同需求的人，即志同道合的人，最后与之联系，建立关系。朋友是人生最大的财富，但不是所有的人都可以成为你的朋友，多与志同道合的人交往将使你受益终身。

第六章
只要你勇敢，世界就会让步，人生不搏不精彩

做大事业，就必须有大手笔，而要有大手笔，向前闯或走出去都有风险。冒险与收获往往是结伴而行的。险中有夷，危中有利。英国小说家W.M.萨克雷认为："只要你勇敢，世界就会让步。如果有时它战胜你，你就要不断地勇敢再勇敢，世界总会向你屈服。"要想有卓越的结果就要敢于冒险，只有充满胆略的冒险，才能为我们带来通常难以企及的成功。

勇敢地去做，适当地冒险

每个人心中都有一种追求无限和永恒的倾向，这种倾向反映在行为上就是冒险。

——康德

在一家效益不错的公司里，总经理叮嘱全体员工："谁也不要走进八楼那个没挂门牌的房间。"但他没解释为什么，员工们都牢牢记住了总经理的叮嘱。

一个月后，公司又招聘了一批员工，总经理对新员工又交代了一次上面的叮嘱。

"为什么？"这时有个年轻人小声嘀咕了一句。

"不为什么。"总经理满脸严肃地答道。

回到岗位上，年轻人还在不解地思考着总经理的叮嘱。其他人劝他干好自己的工作，别瞎操心，听总经理的，没错。年轻人却偏要走进那个房间看看。

他轻轻地叩门，没有反应，再轻轻一推，虚掩的门开了，只见写字台上放着一个纸牌，上面用红笔写着——把纸牌送给总经理。

这时，闻知年轻人闯入那个房间的人开始为他担忧，劝他赶紧把纸牌放回去，大家会替他保密，年轻人却直奔15楼的总经理办

第六章 只要你勇敢，世界就会让步，人生不搏不精彩

公室。

当他将那个纸牌交到总经理手中时，总经理宣布了一项惊人的决定："从现在起，你被任命为销售部经理。"

"因为我把这个纸牌拿来了？"

"不错，我已经等了快半年了，相信你能胜任这份工作。"总经理充满自信地说。

果然，年轻人把销售部的工作搞得红红火火。

人生最大的风险就是永远不冒险。要冒一把险！整个生命就是一场冒险，走得最远的人常是愿意去做、愿意去冒险的人。

"冒险"这个名词其实我们是有些避讳的，好像它只是一种盲目行动或孤注一掷。其实冒险从本质上说体现着一种个体性，但这种个体性并不与和谐相冲突。重大的和谐便是持久的个体的和谐，是一种包含了冒险精神的和谐。

我们提倡"够胆"，并不是主张你可以盲目地乱冲乱闯。"够胆"是一种思想解放，是成功者应具备的胆识。可是有胆识，也得有"眼光"，也得敏感。光有胆识，没有"眼光"，充其量是"匹夫之勇"。也就是平常所说的有勇无谋。这样的人迟早会"胆怯"，最后等待他的只能是失败。

汉字激光照排技术的开创者王选院士曾说："在科学上要有所成就，就绝不能总跟在别人后面，而要处处争取领先。"这是因为具有果敢精神的个体，遇事总喜欢自己动手、自己思考，能够标新立异，对传统的习惯、陈腐的观念采取怀疑和批判的态度。而长时间生活在被人照顾、受人支配的环境中，慢慢就形成了依附或安于依附的心理状态，这种依赖

感一旦形成会逐渐地扼杀一个人的聪明才智，使之变成一个毫无主见的庸人。古往今来，但凡取得突出成就的伟人，都得益于他们所拥有的果敢性格与心态。

冒险，几乎是所有行事果断的人所热衷的事。敢于冒险，敢于挑战极限，才能体验生命的壮观。

在一个人做出果断决策的同时，就意味着可能有两种情况发生：一种意味着成功，另一种意味着失败。如果我们没有足够的信心和勇气去承担这份风险，那么做到果断是一件很困难的事。

假如足球运动员在射门的刹那承担不了射偏的风险，那么，大好的机会便在迟疑中悄悄溜走，留下的是更深的遗憾。

果断做出决策，我们可能还有胜算，否则一点希望都没有。世界上没有万无一失的事，在面临选择、面临机遇、面临困惑的时候，要做出决断，就必须承担一定的风险。

打破条条框框的"敢为天下先"的精神正是开拓者的风貌。

一个富于挑战精神的人，在工作上必会有所表现、有所突破，无论在哪个部门都是别人急于网罗的对象。如果某人老是待在同一个地方，容易守旧，丧失创造力。

如果你只想过芸芸众生的生活，你可以维持现状；如果你想过好的生活，就要敢于挑战极限，敢于冒险，争取每个改变命运的机会。

人生本身就是在冒险，你之所以不能成功，就是因为你害怕冒险。

企业家＝冒险精神＋领导力＋创新。这是在北京国际饭店国际厅，面对着200多位中国企业家，5位诺贝尔经济学奖得主联手给企业家精神下的共同定义。可见，冒险精神是一个企业家必须具备的重要特性。如果你不敢采取任何冒险行动，那你就永远也不会成功。如果你说不敢冒险的话，那我告诉你，其实，你每天都在冒险，开车上班是一种冒险，游泳是一种冒险，吃鱼是一种冒险，只是由于你对其中的大多数情况习以为常，所以这些冒险没有引起你的注意而已。

每一个人心里都希望自己成为某种人物，能达到某种境界。问题出在大家坐等机会来临，机会是不会眷顾守株待兔的人的，只有进取的人才能抓住机会。

或许你现在坐在椅子上阅读本书时会说："你说得很好，但是我的环境不同，不允许我去冒险。"这种观念是你最大的敌人。你在这种情形之下，更应当冒更大的险，越是平平庸庸的人生越需要冒险。你的弱点要靠坚强的行动来治疗它。不妨做些出人意料的事，必要时破窗而出。现在就开始！

冒险首先要求的是勇敢精神，但不是盲目冒险。成功者首先要目的明确，在目标召唤下勇敢地去做、适当冒险地去做。

勇气，是成功的秘诀

有勇气承担命运，这才是英雄好汉。

——赫塞

有一个国王，他想委任一名官员担任一项重要的职务，就召集了许多威武有力和聪明过人的官员，想试试他们之中谁能胜任。

"聪明的人们，"国王说，"我有个问题，我想看看你们谁能在这种情况下解决它。不过我有个规定，假如你认为自己有能力做好它，那么就来试试，成功之后，我将重重有赏。但是，如果你不能确信自己可以完成就不要去试，因为不成功那是会杀头的。"国王领着这些人来到一座大门——一座谁也没见过的最大的门前。国王说："你们看到的这座门是我国最大最重的门。你们之中有谁能把它打开？"许多大臣见了这门都摇了摇头，其他一些比较聪明一点的，也只是走近看了看，没敢去开这扇门。这时一位大臣走到大门处，仔细观察了大门，想着用各种方法去打开它。最后，他抓住一条沉重的链子一拉，大门竟然开了。其实大门并没有完全关死，而是留了一条窄缝，任何人只要留心观察，再加上有足够的勇气去开一下，都会把门打开的。国王对这位大臣说："你将要在朝廷中担任重要的职务，并赏黄金万两，因为你不光限于你所见到的或所听到的，你还有足够勇气靠自己的力量冒险去尝试一些别人做不到的事情。"就这样，这位大臣身任重职，在以后的日子里为朝廷做出了很大的贡献。

在这个世界上，只要你真实地付出，就会发现许多门都是虚掩的！只要微小的勇气就能打开这些虚掩的门，就能够创造无限的成就。美国心理学家斯科特·派克说：不恐惧不等于有勇气；勇气尽管使你害怕，使你痛苦，但还是继续向前走。

所有的成功者都离不开勇气的支撑，因为太过谨慎而没有勇气去推一扇门，所以你可能与成功擦肩而过。当别人成功时你又会羡慕人家的幸运。事实上，命运也给过你机会，可是你没敢伸手去抓住它，你有什么理由慨叹命运的不公？还是拿出你的勇气，努力抓住每一次机会吧，你的成功在于你自己而不在于命运的安排。

第六章　只要你勇敢，世界就会让步，人生不搏不精彩

勇气是一种有效的滋补剂，它是世界上最好的精神药物，如果期待着自己的伟业，并且相信能够成就这番伟业的话。如果能让自己尽早展现出勇气，并带着勇气上路，那么当在前行的道路上遇到让我们灰心失望的失败时，我们会知道那只是暂时性的，胜利最终会握在手中。

有一天，龙虾与寄居蟹在深海中相遇，寄居蟹看见龙虾正把自己的硬壳脱掉，只露出娇嫩的身躯。寄居蟹非常紧张地说："龙虾，你怎么可以抛弃唯一保护自己身躯的硬壳呢？难道你不怕有大鱼一口把你吃掉，以你现在的情况来看，如果急流把你冲到岩石上去，到时你不丢掉性命才怪呢。"

龙虾气定神闲地回答："谢谢你的关心，但是你不了解，我们龙虾每次成长，只有先脱掉旧壳，才能生长出更坚固的新壳，现在面临的这点小危险，只是为了将来更好的发展而做的必要准备。"

寄居蟹整天只找可以避居的地方，而没有想过如何令自己成长得更强壮，每天只活在别人的荫庇之下，难怪永远都不能发展。

对于那些害怕危险的人，危险其实无处不在，但每个人都有一定的安全区，你想要自己摆脱这些险境，请不要划地自限，勇于接受挑战充实自我，你一定会发展得比想象中更好。

只要一个人内心充满了勇气和智慧，就一定能成功，一定会翱翔于蓝天，而外在环境并不是阻碍他成功的绝对因素。

聪明的人不能成功是因为他们没有勇气。在一次次的犹豫和踌躇之后，一次次地放弃绝好的机遇。其实靠他们的智慧加上些勇气，成功往往会更加轻而易举。但他们不敢去经历，退缩和畏惧成了他们习惯的动作。因此，他们白白浪费了自己的才华。而那些勇敢挑战的人因为能够克服太过谨慎的心理，在一次次的历险过程中总结经验教训，结果不仅

获得了成功，而且增长了才智。这就是勇气的伟大之处。

勇气是一种敢于面对现实、不怕困难、勇于进取、积极争取胜利的优秀品质。为了培养自己的勇气，我们应当创造条件，了解周围的事物，扩大知识面，积极发展多方面的能力。从心理学的角度讲，人只会对自己不了解的东西产生畏惧感，所以，我们要通过不断提高知识能力水平来培养自己的勇气。同时，我们还应当在任何时候、任何条件下都敢于面对现实。因为勇气不仅表现在不怕困难、敢于斗争，而且还表现在敢于面对错误、失败和陌生的环境。

敢于冒险才会成功

要冒一次险！整个生命就是一场冒险。走得最远的人，常是愿意去做，并愿意适度冒险的人。

——卡耐基

20世纪60年代中后期，香港人心浮动，投资骤减，房价猛跌。于是，一些商人纷纷抛售地皮，以防万一。此时的李嘉诚却反其道而行之，把几乎全部资产转入地产业，光买不卖。在别人眼中，他简直是疯了。而李嘉诚在心里说："我看准了不会亏本才敢买，男子汉大丈夫还怕风险？怕就干脆别干。"可以说，这么一干，他的地产事业进入了第二个高潮时期。

当时一些不敢冒风险的商人，日夜担心大陆会不会以武力收回香港。于是，纷纷贱价出售自己多年苦心经营的工厂、商号、酒楼、住宅等，携款迁居国外。可是，李嘉诚却不担心。于是，他一座接一座地廉价买进大楼，还趁建筑材料价格疲软之时大兴土木，建起了一座座大厦。

到了70年代初期，香港地价再度回升，房价上涨。而此时李嘉诚已经建起了一座座漂亮的大楼和厂房，不久即全部出售，利润成倍增长。

成功始于胆量。李嘉诚认为要想成功，首先得具备超人的胆量。在人生的道路上需要胆量，没有胆量的人永远迈不出前行的一步。任何一位成功人士决定一件事时，事先都会小心谨慎研究清楚，当决定后，就勇往直前地做。

你的生活缺乏活力，你应该放弃"安逸"，走出你的安全圈，做一次冒险的旅行。不要惧怕前途未卜，没有一个人知道未来是什么样的，如果你不去冒险，那么你的未来将会是一潭死水。要想让未来这潭水活起来，你就必须打破你的现状，把你的冒险精神表现出来。

商场如战场，走出去的每一步都意味着风险和失败，也正因为如此，那些果敢顽强、百折不挠的拼搏者，那些勇往直前大胆出击的英雄就愈发令人肃然起敬。

美国实业家希尔顿在自传中说："成功者要有雄才大略，须有胆识，敢作敢为，大胆设想。""以我的经验来看，大部分人屡遭失败的原因在于他们低估了自己的价值，错误地判断了自己的能力。"这话说得非常透彻。如果你想获得成功，甚至超级成功，那么请你首先要做一个有胆有识的人，千万不要低估或小看了自己。世界上没有任何事情可以绝对地肯定或百分之百保证成功。成功者与失败者的最大区别，往往不在于他们能力的大小或想法的好坏，而决定于他是否"够胆量"，是否胸怀大志。

冒险就是你抓住一个机会，希望生活得更好，不管改变的是生活形态、你的人际关系或是生意的规模和范围。要成功就要冒险。不然，没有人敢离开家门，也没有人会去开创新事业。

人生不如意事十之八九，平时刻意让自己去应付一些难题，可以让你预习如何去面对突发的状况。如果你从不冒险一试，那你一生也不过随波逐流，随时等着大浪来把你给打下去。

当成功的机会来临时，如果你的态度仍是犹豫不决，那说明你尚未培养起成功者所必备的胆量。

不管做什么事情，只要肯用功，敢于做，都是会做出成绩来的。

当然那些喜欢拿自己的时间、金钱、事业来冒险犯难的人都懂得，深思熟虑的冒险与鲁莽行事之间有相当大的差别。

首要原则是有足够的资源来支持你的计划，其次你还要有足够的钱做后盾，以防万一计划失败，你不至于周转不灵。换句话说，只做你输得起的投资。

许多做得有声有色的人还奉行第二条金律——分散投资于不同形态、不同的产业、不同规模的公司。保守吗？没错。但这是避免破产的最好办法。

常常有人会在他们觉得是很好的投资上太过贪心，因而把太多的鸡蛋放在同一个篮子里，超过了他们承担失败的程度。有时候他们押对了宝，但多数的结局并不乐观。

在经商上还有一个颠扑不破的事实：不管一个新产品或服务的想法

有多棒，做起来绝没有一帆风顺的。

有一个商人，他的第一个扩厂计划是经过仔细盘算的，在做计划之前的五年，工厂每年业务增加。于是他贷了一大笔款，搬到一个全新的厂房，里头安装了全新的机器设备，就等着账上的盈余节节攀升。

谁知一年之内，他的五个主要客户中的三个——差不多占其业务量的50%——却不见了。其中两个被别家公司买走了，过去他们做的东西人家转而自行生产，另一家把生产移回美国的母厂。最糟糕的是，在这个节骨眼上碰到了通货膨胀，他的公司遭到了极大的打击，差一点就遭受了灭顶之灾。

他是如何存留下来的？

他做了承受失败的准备，并让自己永远有新的策略来亡羊补牢。

能冒险尝试与不被失败击倒的最重要条件是：坚持到底。

如果你是那种轻言放弃的人，要小心。新事业很少能一帆风顺的，你需要有很大的"打死不从"的精神，来度过工作上那段不顺利的日子。

虽然再也没有一个工作比自己当老板更好的，但要想做个成功的老板，你必须能时时承受风险。这就好像把船开进没有航道的水域，你要全力以赴，告诉自己这次不成，还要再来一次。在商场上的大风大浪中活下去的人，都必须通过这一关；而且大部分的人还不止经历过一次。这就叫作经验，经验是没有人能传授给你的，不管创业维艰的日子有多长，你只要想尽办法让自己活下去。经历了第一次的失败，你要有从头再来的决心。

人生每个层面多少都带着一点冒险：健康、人际关系、生意、谋职等都是。冒险并不是做了什么天大的抉择，而是咬紧牙关，不管多么困难，一心要有赢的决心。生活的趣味也源于此。

创造非凡的功业，必有非凡的胆识

既然像螃蟹这样的东西，人们都很爱吃，那么蜘蛛也一定有人吃过，只不过后来知道不好吃才不吃了，但是第一个吃螃蟹的人一定是个勇士。

——鲁迅

美国的基姆·瑞德先生原先从事过沉船寻宝工作，在遭遇那只高尔夫球前，他的日子过得很平凡。

一天，他偶然看到一只高尔夫球因为打球者动作的失误而掉进湖水中，此时，他仿佛看到了一个机会。他穿好潜水服，跳进了高尔夫球场的湖中。

在湖底，他惊讶地看到白茫茫的一片。湖底散落、堆积了成千上万只高尔夫球。这些球大部分都跟新的没什么区别。球场经理看了这些球后，答应以10美分一只的价钱收购。他这一天捞了2000多只，得到的钱相当于他一周的薪水。干到后来，他每天把球捞出湖面，带回家让雇工洗净、重新喷漆，然后包装，按新球价格的一半出售。

后来，其他的潜水员闻风而动，从事这项工作的潜水员多了起来，瑞德干脆从他们手中收购这些旧球，每只8美分，每天都有8万~10万只这样的旧高尔夫球送到他设在奥兰多的公司。现在，他的高尔夫球回收利用公司一年的收入已达 800 多万美元。

对于掉入湖中的高尔夫球，别人看到的只是失败和沮丧，但瑞德说："我主要是从别人的失误中获得益处的。"

这个世界上，很多成功人士原本跟我们平常人没什么不同，只是他们多了些敢于第一个干的勇气。活在世上，我们大多数人都渴望成功，我们不断追寻、不断期盼机会从眼前经过，可是又有多少人能抓住它呢？机会也需要你有一双善于发现新事物的眼睛，一个善于创新的头脑。

高斯是德国伟大的数学家，他小时候就是一个爱动脑筋的聪明孩子。

高斯还在上小学时，有一次，一位老师想整治一下班上的淘气学生，就出了一道算术题，让学生从 1+2+3+……一直加到 100 为止。他想这道题足够这帮学生算半天的，他也可得半天悠闲。谁知，出乎他的意料，刚刚过了一会儿，小高斯就举起手来，说他算完了。老师一看答案，5050，完全正确。老师惊诧不已，问小高斯是怎么算出来的。

高斯说："我不是从开始加到末尾，而是先把 1 和 100 相加，得到 101，再把 2 和 99 相加，也得到 101，最后 50 和 51 相加，也得 101，这样一共有 50 个 101，结果当然就是 5050 了。"聪明的高斯受到了老师的表扬。

遇事要开动脑筋是件说起来容易做起来难的事。高斯的聪明之处，在于能打破常规，跳出旧的思路，细心分析，从而找出一条新思路。打破旧的思维模式给我们带来的禁锢，我们就容易在习以为常的事物中发掘出新意来。

任何事不是一成不变的。用变化的眼光去把握一切，你才会获得新生！盲目跟随，那样将会永远落后于人，永远呼吸不到新鲜的空气。

相传，公元前233年冬天，马其顿亚历山大大帝进兵亚细亚。当他到达亚细亚的弗尼吉亚城时，听说城里有个著名的寓言：几百年前，弗尼吉亚的戈迪亚斯王在其牛车上系了一个复杂的绳结，并宣布谁能解开它，谁就是亚细亚王。自此以后，每年都有很多人来看戈迪亚斯打的绳结。各国的武士和王子都来试解这个绳结，可总是连绳头都找不到，他们甚至不知从何处着手。

亚历山大对这个传说非常感兴趣，命人带他去看这个神秘之结。幸好，这个结尚完好地保存在朱庇特神庙里。

亚历山大仔细地观察着这个绳结，却始终没有找到绳头。

这时，他突然想："为什么不用自己的方式来打开这个绳结？"

于是，他拔出剑来，一剑把绳结劈成两半，这个保留了数百年的难解之结，就这样轻易被解开了。

成功需要独辟蹊径，走别人未走过的路。换句话说，寻找机会就要有独到的眼光，又要有足够的勇气，敢于创造非凡的功业，必有非凡的胆识。

每个人都有赢得成功的机会，但是，机会往往垂青那些有创新精神的人。只有敢于第一个吃螃蟹的人，才会抢占先机，想出别人没有想出的点子，也只有他们才能取得成功。

立刻行动吧，留心身边的事物，打破常规，做别人没做的事，成功终究会降临的。

站在那"试试看"的跳板上

充满智慧的人迈入生活的门槛时，他的思想一尝试着展开翅膀，就会用目光抚摩着诗意，用眼睛孵育着诗意。可是一碰到常见的坚硬的障碍，这诗意的卵就破碎了。对于几乎所有的人来说，现实生活的脚一落地，便踩在这几乎永不破壳出雏的神秘的卵上了。

——巴尔扎克

看看下面的例子。

1973年，美国哈佛大学有两个正念大二的学生，一位叫比尔·盖茨，一位叫科莱特。那时他们刚开始学BIT软件系统。盖茨却在此时劝说科莱特一起退学去开发32BIT财务软件。科莱特当然很惊讶，他认为开发那样的软件，不学完大学的全部课程是不可能实现的，因此他便婉言谢绝了。10年后，科莱特成了哈佛大学计算机系BIT方面的博士研究生，而比尔·盖茨则进了美国《福布斯》杂志亿万富豪的排行榜。1992年，科莱特又攻读了博士后，而那时的盖茨个人财产在该年跃居了美国第二。1995年，科莱特认为自己已经具备了足够的学识，可以从事32BIT的研究和开发了，而盖茨则又绕过了BIT系统，转而开发出EIP财务软件，它比BIT快1500倍，也是在那一年，他成为世界首富。

比尔·盖茨的成功正是基于他当时的选择以及他为之付出的不懈努力，时常面临选择的我们是否也有这样的勇气与坚定呢？

自然界的很多东西是很奇妙的，我们的好多行为都可以在那里找到原型，好多时候我们也可以从那里得到启发，产生力量。就像那小小的蒲公英，以柔弱的身躯向我们展示了一个成功的道理：在充满生机的大地的召唤下，它迫不及待地挥洒自己的能量；风给予了它力量，它让自己努力地飞翔，无论前方的路怎样，它的起点并没有让自己失望——它给了自己一次尝试的机会。

很多时候我们缺乏的就是这样一种勇气和心态，为了避免失败，而放弃了许多成功的机会。成功的光环是耀眼的，然而那光芒背后的痛苦抉择、艰苦跋涉、无怨付出又是很多渴望成功的人们所不愿背负的。

当成功与失败机会均等地摆在面前，抑或成功的机会更渺茫一些的时候，你是否会毅然决然地给自己一个机会去接受一次挑战呢？失败后的茫然与失落、打击与懊悔定会成为你前进的绊脚石，况且为什么要让那些还未发生并且未必会发生的事情成为现在的烦恼呢？

坚定自己的信念，携带自己的理想，努力地飞向成功的殿堂。路途可能更坎坷，道路也许很漫长，然而那途中的美景也许就是你不经意的收获，相伴的浮云也会聆听你心灵的放歌，你在天空中飘过的那美丽曲折的痕迹，也会让更多的人惊叹它的坚定与执着。

古今中外的多少事例在告诉我们：试试看吧！不管成功或是失败，那都是经验的累积、意志的磨炼，也都将是下一个旅程的开始。

很多时候我们不愿意去尝试那些并非十拿九稳的事情，一直在默默地积累，铸造成功的砝码，力争使它重些再重些，就像科莱特；却不知天平那一端的成功用信心去尝试也可以取得，并且那往往是理想与现实之间最短的距离。

不要再远远地观望，也不要再犹豫不决了；站在那"试试看"的跳板上，展现出自己的能量，抑或也能落在成功的领奖台上；即便是失败了，那也未尝不是一段美丽的经历。失败并不可怕，可怕的是你用消极的心态去看待它。

雪莱有一首诗《选择》："人怎样选择世界，世界便怎样去选择人。太阳在选择中上升，流星在选择中下沉。"许多时候我们失败于一次选择，但更多的时候我们失败于没有敢于选择。当爱迪生发明灯泡的时候，他不厌其烦地尝试了数千种物质来做灯丝，每一次失败都使他排除了一种不可以用来做灯丝的材料，同时也将他向成功推进了一步。不断的失败好像是架起一个直通成功天梯的过程，直到他成功地发现了钨丝。因此我们没有必要畏惧失败，失败往往是孕育成功的沃土。

从伟人到凡人，从许许多多造福人类的伟大发明到每一个平凡人的无悔人生，他们从尝试中体验到成功的喜悦，从尝试中积累了失败的经验。给自己一次成功或是失败的机会，因为那是一次挑战，对自己能力及心态的挑战，同样也是一次完善自己、提升自己的机遇。不要轻易否定自己，怀疑自己，你的拥有就是你的优势。

19世纪末，美国康奈尔大学做过一次有名的实验：他们把一只青蛙冷不防丢进煮沸的开水锅里，这只反应灵敏的青蛙在生死关头，用尽全力，跃出那势必使它葬身的开水锅，逃到锅外的地面，它逃生了。半个小时后，他们使用一个同样的铁锅，在锅里面放入冷水，然后把那只刚刚死里逃生的青蛙放进锅里，那只青蛙在水中来回泅游。接着实验人员在锅底下用炭火慢慢加热。青蛙仍悠闲地享受着"温暖"，等到它意识到锅中水温已经承受不住、必须奋力跳出才能活命时，已经为时已晚。它欲跃乏力，身在水里，束手待毙。

这个实验向我们揭示了一个无情的事实：当生活的重担压得我们喘不过气，挫折、困难堵住了四面八方的通路，我们往往会发挥自己的潜能，冲出重围，找出一条活路来，那是背水一战的力量；而在我们还有机会选择时，为了逃避一个可能的失败，往往会安于现状或是墨守成规，放弃了一个尝试的机会，使自己碌碌无为抑或一败涂地。因此，很多时候，冒险总比墨守成规让你更有机会出头，以不畏惧失败的心态向成功的地方飞去！无论多么可喜的成功，尝试都是一块跳板。不要像只鹅那样静静地站在海边，翘首企盼机会的来临；而应如苍鹰一般不停地翻飞盘旋，执着地追求。

尝试，往往是一种开始，是一次转机，是对旧我的扬弃，是对未来的宣言，是战胜自卑、大胆走向成功的阶梯。所以说，对待失败的态度是非常重要的。强者认识到没有失败就不会有成功，失败里面就包含着成功。他们把开拓新路中所遭遇到的失败看作是理所当然的事情；他们也同样认识到失败即是一次经验的积累，因而能在失败中看到成功的因素。被失败所打倒的人，与其说是害怕失败，不如说是对失败缺乏正确的认识。许多人把失败看作一种不幸和灾难，在事情一开始的时候，就抱有"只许成功不许失败"的想法，这不仅是不现实的，也是不明智的。

"胜败乃兵家常事。"不单单是"兵家"，做什么事都会存在或胜或败两种可能。许多人往往不能认识到这样一个道理：表面上的失败从长远来看很可能是有益处的。在他们看来，要么失败，要么成功，既然失败了，那就不会成功。而事实上，事情的结局并非"要么成功，要么失败"的简单划分，介于"失败"和"成功"之间的情况是无穷无尽的，只要在心理上不屈服，就没有真正的失败。

在复杂的社会和生活现实中，"失败者"和"成功者"这几个字很难具体地描述一个人，此时的成功可能连着彼时的失败，这项工作的失败也许正蕴含着另一项工作的成功。想要成就大事业，就不要害怕和失败打交道。"如果我不会出错，那么我就不是在探索。"很多有志之士都这么认为。允许失败是很多企业鼓励创新的内容之一，这里面都深刻包含着胜和败的辩证法。比起重复过去的成功，失败是个更好的老师。重复过去的成功不见得能使你掌握一个成功的机会，而你也可以从一系列失败的方案中推出一个切实可行的成功方案。

总之，只要敢于尝试，只要你肯动脑筋剖析失败，在失败里吸收有用的东西，你就可以学到接近成功的经验。

做士兵要有当将军的勇气

当智慧和命运交战时，若有胆识、敢作敢为，命运就没有机会动摇它。

——莎士比亚

在中国台湾经济恢复时期，急需发展纺织、水泥、塑料等工业。这时，一个名不见经传的人物——王永庆，像吃了豹子胆似的，竟决定投资塑料业，因而招来了人们的非议："不懂行情""不识时务"……王永庆面对非议并没退缩，他鼓足勇气，顶住了压力，紧急筹措资金，创办了台湾第一家塑料公司。但是，现实总是太残酷，当台塑的产品生产出来时，日本等国的同类产品接踵而至，充斥中国台湾市场；而且日本塑料产品物美价廉，很快占有了绝大部分市场。台塑产品严重滞销，仓库积压严重，股东们无不心灰意冷，王永庆陷入了绝境。

面对这样不利的境况，王永庆并没有泄气。

他改变了台塑的经营策略，又力求把台塑建成高效能、低消耗的企业，台塑的产品逐渐打开了销路，站稳了脚跟，继而逐步扩大再生产，成为中国台湾唯一进入"世界化工企业500强"的企业。

如果你处在受束缚的环境中，又缺乏勇气去摆脱它，久而久之，雄心就会丧失殆尽。人人都希望发展，但很多人始终处于等待观望中，他们没有足够的勇气，不敢冒险，不敢做不确定的事情，不敢跳槽，不敢辞职，不敢投资……这样很难得到发展的机会。

为了发明矿工用的安全灯，乔治·斯蒂芬森以巨大的勇气进行试验，亲自下到矿井中，这使他的朋友们大为惊讶和不安。

当斯蒂芬森问矿工们哪里是最危险的矿道时，矿工告诉他有一条矿道充满了瓦斯。于是他二话不说，马上到那里去检验自己的安全灯。其他人看到这一情景，都担心地后退到安全距离以外。

斯蒂芬森慢慢地向前走去，也许前面就是死亡，但在斯蒂芬森看来，失败比死亡更糟。到了最危险的地段，他手持自己的安全灯，静静地等待结果发生。

一开始灯的火焰突然亮了一下，然后就开始明明灭灭地闪烁，火焰暗下去了，最后熄灭了。

在这种可怕的气体中，灯火并没有产生任何可能引起爆炸的迹象。这证明斯蒂芬森发明了一种可以在矿坑里安全使用的照明灯,这种灯遇到可燃气体不会发生爆炸。换句话说,他为成千上万矿工们的安全做出了巨大贡献。

不甘平庸的人,应该具有一种敢于挑战的勇气。正如拿破仑所说:"不想当将军的士兵不是好士兵。"

常言道:"两强相遇勇者胜。"所以说,欲成就一番事业的人,必有非凡的勇气、有大手笔,毫不退缩地迎接挑战,这样才能够取得成功。

大手笔做事的人因为有足够的勇气而能够轻松地驾驭生活,使自己活得富有且快乐,而有一部分人,因缺乏驾驭生活的勇气,只能平庸地度过一生。

可见,勇气对生活是多么重要。这里说的勇气不是匹夫之勇,而是大智大勇,即"富贵不能淫,威武不能屈"的勇气。

许多大手笔做事的人,在处理各种问题时,敢于向那些不可预知的未来发起挑战,而且一旦下定决心就毫不退却,最终获得成功。

但凡向往成功的人,必定要具备大智大勇,绝对不可以胆怯、缺乏自信、遇事犹豫不决、故步自封。否则,永远也不可能取得成功。

机会不会自动地找到你,你必须不断而又醒目地亮出你自己,引起别人的关注,才有可能寻找到机会。但是第一步必须让人发现你,进而赏识你。因此,你必须勇于尝试,一次次地去叩响机会的大门,总有一扇门会为你打开。

古往今来,凡是能够成就大事业的,往往都是那些信任自己的人,是敢于想他人所不敢想、为他人所不敢为的人。他们勇敢而有创造力,并且勇于向规则挑战。

一个人，当他不相信自己能够完成一件别人从未做过的事时，他就永远也不会实现它。如果你能感觉到外力不足，而把一切都依赖于你的能力，千万不要怀疑自己。这时，你要信任自己，并将你的个性展现出来。否则的话，你就会被以往的经验束缚住，永远没有办法达到自己的目的。

很多人都想成功，却被过度的胆怯和缺乏自信所束缚。他们能感到自己内在的力量在跃跃欲试，因为害怕失败，而始终不敢采取行动。他们害怕他人的嘲笑和讥讽，害怕自己付出了没有回报。这种恐惧心理，使他们不敢说话，不敢做事，不敢冒险，不敢向前冲。他们所能做的，只是默默地等待。

有很多事情表面上看起来都是不可能实现的，但并非绝对不能实现。要实现我们心中的梦想也许极为困难，可是，正因为你所追求的是一个高目标，比起收敛你的野心、停顿你的脚步，勇气更能接近成功。

有胆识、有创造精神的人，从不因袭前人，他们是先例的破坏者。要知道，成功是创造，是自我的表现。即使你因袭的是成功的人，你也只是模仿，没有得其精髓。而有独到见解的人，则到处都有出路，那些模仿者则大都不会获得最后的成功。

打破常规、表现自我最重要的是勇气。常言道："无畏者方能前行。"

所以，胆怯足以阻碍人的成功。

很多时候，我们总是为自己能有丰富的经验而沾沾自喜。但固守经验，有时候非但无益，甚至还会害人性命。下面是一个真实的故事。

一艘远洋航轮不幸触礁，沉入海底。九名船员幸免于难，他们登上了一座孤岛。岛上不仅没有食物充饥，更重要的是没有淡水。尽管岛周围都是海水，可海水又苦又涩，根本无法饮用。炎炎烈日下，每个人的嗓子都像要冒火，他们只盼老天能快点下雨，或者有其他船来搭救。但是，他们等啊等啊，这里既没有下雨，也没有任何船只来。最终，有八名船员实在坚持不下去了，渴死在孤岛上。

当最后一名船员也要渴死的时候，他实在忍不住扑进海里。奇怪的是，他一点也没感觉到海水的咸涩，相反却觉得海水甘甜清爽，非常解渴。他想：这也许就是临死前的幻觉吧。于是便游回海边，静静地等待死神的降临。当他醒来的时候，发现自己只是睡了一觉，并没有死去。于是，他每天都喝海水度日，终于等来了救援的船。后来，人们对这里的海水进行分析才发现，这儿有地下泉水不断涌出，所以岛边的海水实际上是甘甜可口的泉水。八名船员因为死守着"海水不能饮用"的固有经验，最终渴死在淡水边。

经验是如此的可怕，而打破经验唯一的方法就是不断地尝试。尝试有可能会失败，但不尝试则永远也无法成功。而且，即使真失败了，你还会收获教训。因此，不要犹豫，大胆尝试，大胆地去挑战自己，生命不会亏待你！

人生要有大手笔

人生不搏不精彩

我的最高原则是：不论对任何困难，都决不屈服。

——居里夫人

1990年，在温布尔登举行的网球锦标赛女子组半决赛中，16岁的南斯拉夫选手塞莱丝与美国选手津娜·加里森对垒。随着比赛的进行，人们越来越清楚地发现，塞莱丝的最大对手并非加里森，而是她自己。赛后，塞莱丝垂头丧气地说："这场比赛中双方的实力太接近了，因此，我总是力求稳扎稳打，只敢打安全球，而不敢轻易向对方进攻，甚至在加里森第二次发球时，我还是不敢扣球求胜。"

而加里森却恰恰相反，她并不只打安全球。"我暗下决心，鼓励自己要敢于险中求胜，决不能优柔寡断，犹豫不决。"津娜·加里森赛后谈道，"即使失了球，我至少也知道自己是尽了力的。"结果，加里森在比赛中先是领先，继而胜了第一局，后来又胜了一局，最终赢得全场比赛。

在通往成功的路上，一次探险就是一次挑战。如果你没被吓倒，而是奋力一搏，也许敌人都能成为你成功的阶梯，也许你会因此而创造超越自我的奇迹。

第六章 只要你勇敢，世界就会让步，人生不搏不精彩

生命运动从本质上说就是一种探险，如果不主动地迎接风险的挑战，那就只能被动地等待风险的降临。

现实生活中，常有这样的现象，同样一件事，因为存在一定的风险，甲经过细算，认为有51%的把握，便抢占时机，先下手为强，因而取胜；乙在谋划时十分保守，认为必须有90%甚至100%的把握才下手，结果坐失良机。

任何一个人，当遇到严峻形势时，习惯的做法是小心谨慎，保全自己。而结果呢？不是考虑怎样发挥自己的实力，而是把注意力集中在怎样才能缩小自己的损失上。正像塞莱丝一样，这种人的结果大都会以不应该的失败而告终。

任何领域的领袖人物，他们之所以能够成为顶尖人物，正是由于他们勇于面对风险。美国传奇式人物、拳击教练达马托曾经一语道破："英雄和懦夫都会恐惧，但英雄和懦夫对恐惧的反应大相径庭。"

毫无疑问，勇于冒险求胜，我们就能比我们想象的做得更多更好。在勇冒风险的过程中，我们就能使自己的平淡生活变成激动人心的探险经历，这种经历会不断地向我们提出挑战，不断地奖励我们，也会不断地使我们恢复活力。

香港企业家陈玉书在他的自传《商旅生涯不是梦》里指出："致富秘诀，在于大胆创新，眼光独到。譬如说，地产市场我看好，别人看坏，事实证明是好，我能发大财；反之，我看好，别人看坏，事实证明是坏，我便要受大损失，甚至破产；如果大家都看好，我也看好，事实证明是对了，则也仅仅能糊口而已。"

世上大多数人不敢冒险。他们熙熙攘攘地挤在平平安安的大路上，四平八稳地走着，这路虽然平坦安宁，距离人生风景线却迂回遥远，他

们永远也领略不到奇异的风情和壮美的景致。他们平平庸庸、平平淡淡地过了一辈子，直到走到人生的尽头也没有享受到真正成功的快乐和幸福的滋味。他们只能在拥挤的人群里争食，也仅仅是为了填饱肚子、养活孩子。这是什么样的人生呢？而且，这还伴随着一种难以逃避的风险，是一种越来越无力改善现状的风险。

精明的人能计算出冒险的系数有多大，同时做好应对风险的准备，多一分胜算。世界的改变、生意的成功常常属于那些敢于抓住时机、适度冒险的人。有些人很聪明，难以预测的因素和风险看得太清楚，不敢冒一点险，结果聪明反被聪明误，永远只能平庸而已。实际上，如果能从风险的转化和准备上进行谋划，那么风险并不可怕。

有限度地承担风险，无非带来两种结果：成功或失败。如果我们获得成功，我们可以提升至新领域，显然这是一种成长；就算我们失败了，我们也很快可以清楚为什么做错了，学会以后该避免怎么做，这也是一种成长。

事实上，鼓励尝试风险的社会环境，有助于培养个人不满足于现状、勇于进取的精神，也有利于提高个人对市场变动的敏锐感。一个人往往在冒险并盘算着该做什么时，成长最快。一位日本专家指出：人类在长期的历史发展过程中，学到了很多智慧，也拥有了很多智慧，这能给人以更大冒险的可能性。但是，即使有可能性，也不能断定所有的人都敢于冒险。

追求成功的人，一方面要通过学习和实验不断增长智慧，另一方面还要永远保持冒险精神。自卑忧惧、谨慎小心并不是成功者的品质；裹足不前、举棋不定，只能在当今瞬息万变的社会中被淘汰出局。

敢于冲破平庸，才能成就大业

所谓活着的人，就是不断挑战的人，不断攀登命运险峰的人。

——雨果

一位心理学家兼哲学家说过："与真正清醒的自我相比，生活中的我们只能算半梦半醒。我们的火焰熄灭了，我们的蓝图暗淡了，我们的智力和体力只开发了很小很小的一部分。"他的话意义深刻。的确，一个人可以发挥的潜力很大，关键看自己是否愿意去做。那些生活在死水中什么也不愿做的人，只会碌碌无为地度过一生。

有这样一则故事：雏鹰想学习飞翔，它不想再像以前一样只等着父母回来给它带来食物，而是梦想着哪一天自己也能像父母、像家族中最勇猛的雄鹰一样，翱翔于天空，俯视万物，环游穹宇。它不害怕狂风吹打它的翅膀，而是要通过在狂风中飞翔来锻炼自己的力量，让狂风尽快使自己稚嫩的翅膀变得坚硬起来。经过努力，雏鹰最后终于成为一只能够搏击长空的雄鹰，成为自己心目中的英雄。

平庸是一个与老迈相伴的词汇，这个世界上不该存在平庸的年轻人，因为他们是如此幸运：时刻都有超越平庸的时间与机会。

甘于平庸只会让心灵萎缩，使自己的人生平淡无奇，而不甘平庸的人才能做出一番大事业。在人生的竞技场上，敢于冲破平庸的牢笼，就可以创造出辉煌卓越的成绩。大手笔者向来都是敢于开拓进取的人，是争做大事的健将。

世界之事，有难有易，之所以失败的平庸者居多，是因为他们一旦遇到困难，就开始退缩，从而放弃原有的理想与目标。

平庸的人做一天和尚撞一天钟，而不甘平庸者能够在平凡的环境中勇于开拓，不断创新，从而取得成功。没有注定的平庸之人，也没有注定的卓越之人，所不同的只是做事的态度。不甘平庸，积极地做事，就可能走向卓越；而做事消极、应付，就可能让人平庸。如果你是一个不甘于平庸却一直摆脱不了平庸的人，那就从现在开始重新对自己的人生观、价值观进行一次全方位的思考，做出自己的选择。应该明白：一个人是否平庸并不在于最终的结果，而在于他奋斗的过程中所迸发出来的激情；只要做事有激情，就会努力做出成果。

人最大的悲哀就是生得平庸，死得平庸，因此，人活在世界上，就应该不甘于平庸。为了改变不平庸的状况，就要经历不平常的锤炼，就要付出不平常的努力，这样才有可能成就一番事业。

大千世界，芸芸众生，精英人物只占少数，绝大多数人都是平凡之人。然而，平凡与平庸却有着很大的不同：平庸是不思进取、安于现状，而平凡是珍惜自己目前所拥有的，即使岗位平凡、角色普通、生活平淡，也不忘积极做事，通过努力，在平凡中做出不平凡的事情，使自己的人生多姿多彩。

茫茫人海中，平庸者居多，几百个人当中可能只有部分人有着具体的生活目标，会全心全意地追求和实现这些目标。而且，在这几百个人当中，也许没有几个人真正地每一天都在为自己的目标努力，这就是平庸与非凡的差别所在。

只要在某个行业中有一定的技能，就应该向往和争取顶尖的地位。不要被现状束缚住努力的双手，只有不甘平庸，才可以成为某个领域的杰出人才，才能促使每一个普通人和天才一样在未来创造出奇迹；若想从事经商活动，就要立志成为企业的高层管理者；若想从事文艺工作，就一心一意地向着明星、大师的方向前进。这才是真正的大手笔做事，唯有这样才可能在事业中"百尺竿头，更进一步"。

甘于平庸者总是用平庸的眼光看待自己，因此只会永远陷入平庸的泥潭；而不甘平庸者能够用超出普通人的眼光来看待自己，相信自己能够拥有梦想中的一切，并会为了它竭尽全力，把自己的全部精力和能量都集中在最适合自己的事业中，并使自己处在同行的前列。

当今社会，人才竞争十分激烈，致使很多才能卓越的人在一个平凡的公司里从事着一份平庸的工作，他们渐渐地失去了做大事业的雄心、信心、勇气和毅力。其实，要想成就一番事业的人，只要付出自己最大的努力，就会走出平庸，而不至于陷入其中。

我们要想谋划好自己的发展之路，就必须在困境或不利条件中挺直腰，走出来，用自己的努力和拼搏去谋得属于自己的一方天地。

甘于平庸者心理颓废，他们本着"做一天和尚，撞一天钟""得过且过""随随便便混饭吃"的态度来打发一天的时光。其实，抱这种态度，人生已经没有意义了，他们已经承认了自己的失败，偏离了正常的生活轨道。

一个大手笔者，相信"士别三日，当刮目相看"。因此，他总是充满活力，目标明确，行为果断，坚持不懈。他敢于在困难面前说"不"，能够走出重重困难，并向着最高的目标前进。他们知道只有前进才能进步，不管是进一寸还是进一尺，最重要的是每天都在进步；只有不断进步，才能走向成功。

不思进取、甘于平庸者只能碌碌无为地度过一生；敢于开拓、富有闯劲、高调做事的人才能获得事业的成功。

每一个行业都有其存在的价值，每一个岗位也都有不可替代的作用。你可以从最底层做起，但你一定不能不思进取，甘于平庸。不要给自己找借口，无论什么职业，都可以不断学习和创新。是否能够成功地从目前的工作中脱颖而出，关键是我们自己的选择：是得过且过，还是高点定位、追求卓越。

给自己高点定位是推你前行的动力。如果你把自己设定成一个大有作为的人，你就难免会不满足于现在平庸的生活，你就会懂得利用自我的优势去打开通往另外一片天地的门。心有多大，舞台就有多宽广。目前的职位可以不高，但你的心不能不高。只有在高点定位的指引下，脚踏实地地工作才有意义，才有可能打破常规思维的限制，做出一番成绩。

超越一秒钟前的自己

每天创新一点点，是在走向领先。每天多做一点点，是在走向丰收。每天进步一点点，是在走向成功。

——邹金宏

年轻的彼尔斯·哈克是美国ABC晚间新闻当家主播，他虽然连大学都没有进过，却把事业作为他的教育课堂。最初他当了3年主播后，毅然决定辞去人人艳羡的主播职位，到新闻第一线去磨炼，干起记者的工作。他在美国国内报道了许多不同路线的新闻，并且成为美国电视网第一个常驻中东的特派员。后来他搬到伦敦，成为欧洲地区的特派员。经过这些历练后，他重又回到ABC主播的位置。此时，他已由一个初出茅庐的年轻小伙子成长为一名成熟稳健又广受欢迎的记者。

美国通用公司总裁杰克·韦尔奇认为："员工的成功需要一系列的奋斗，需要克服一个又一个困难。虽然不会一蹴而就，但是拒绝自满就可以创造奇迹。所以我们要时刻准备着超越一秒钟前的自己。"

是的，如果你能做到超越一秒钟前的自己，你又怎么会流于凡俗，你又怎能不对自己定位更高，你又怎么会成功不了呢？

十年前的中学同学，你们自身的经历或许可以很好地说明这个问题。当年有些人受到命运之神的眷顾，进入了大学的殿堂；而有些人却没能得到命运的垂青，与大学失之交臂。而今呢，那些昔日的幸运者，有的也许仍然平平常常，固守自己的职位，数年来没有什么变化；而当初的失意者，有的还真干出了名堂，有的已经成为老板，财运亨通。

一个永远不满足自己的现状、拼命改变自己命运的人，能不断有所长进。而另一个则以为自己很幸运，很了不起，什么都不用愁了，忘了居安思危，失去了进取之心，所以一直原地踏步，甚至被人遗忘。

自满是对工作有极大负面效应的性格。很多员工在没有一点成就的时候，刻苦努力，像老黄牛一样踏踏实实地工作；而一旦有一天取得一点成就之后，就欣喜若狂、得意忘形。这种容易满足的人只能让自己重新回到以前，甚至变得一塌糊涂。

美国老牌流行歌手麦当娜在这方面就感受很深。处在流行工业最前线的唱片业，十几年来，每年都有前赴后继的新人，以数百张新专辑的速度抢攻唱片市场，稍不留意就会被远远地抛在后面。麦当娜觉得："老不是最可怕的，未老已旧才是最悲哀的事。"所以，面对推陈出新的市场，不断学习和创新才能不被抛出轨道。"我是个容易忧虑的人，每天都觉得自己不行了。"这样的忧虑是进步的动力。

社会的变化太快，长江后浪推前浪，如果你在原地踏步，社会的潮流就会把你抛在后头，后来之辈也会从你后面超赶过去。相比起来，你的"小小成就"在一段时间后根本就不是成就，甚至还有被淘汰的可能。比如在十年二十年前，大学生确实稀罕，而现在呢？到处都是。所以，我们要时刻进取，坚持学习，超越一秒钟前的自己。

一个人不善于提高自己，就不能超越别人。总是自以为是地找到"合理的借口"，这是一种非常致命的人性弱点。相反，拒绝借口，一定要高于他人，则是成为一个强者的最大动力。

传奇的码头工人哲学家埃里克·霍弗深信："在瞬息万变的世界里，唯有虚心学习的人才能掌握未来。自认为学识广博的人往往只会停滞不前，结果所具备的技能没过多久就成了不合时宜的老古董。"

吾生也有涯，而知也无涯。不管你有多能干，你曾经把工作完成得多么出色，如果你一味沉溺在对昔日表现的自满当中，"学习"便无从谈起。要是没有终生学习的心态，不断追寻自身所处领域的新知识以及不断开发自己的创造力，你终将丧失自己的生存能力。因为现在的职场对于缺乏学习意愿的员工是很无情的。员工一旦拒绝学习，就会迅速贬值，所谓"不进则退"，很容易就会被抛在后面，被时代淘汰。

所以，不管你曾有过怎样的辉煌，你都得对职业生涯的成长不断投注心力，学习、学习、再学习，千万不要自我膨胀到目中无人的地步，要开放心胸接受智者的指点。及时了解自己亟待加强的地方，时时保持警觉，更好地发挥自己的才能，让自己的工作随时保持在巅峰状态。

一个人不满足于目前的成就，积极向高峰攀登，就能使自己的潜能得到充分的发挥。就像原本只能挑一百斤重担的人，因为不断地练习，就可能突破原来的极限，挑起一百二十斤甚至一百五十斤的重担。积沙成塔，进步是一点一滴不断努力得来的。所以，我们要时刻进取，时刻提高自己，超越一秒钟前的自己，你的前景将无比光明！

极限并非不可逾越

像一条和顽强的崖口进行搏斗的狂奔的激流，你应该不顾一切纵身跳进那陌生的、不可知的命运，然后，以大无畏的英勇把它完全征服，不管有多少困难向你挑衅。

——泰戈尔

任何人只要勇于突破自己的心态瓶颈，突破极限约束的阻碍，成功便近在眼前。

举重项目之一的挺举，有一种"500磅（约227公斤）瓶颈"的说法，也就是说，以人体的体力极限而言，500磅是很难超越的瓶颈。499磅的纪录保持者巴雷里，比赛时所用的杠铃，由于工作人员的失误，实际上超过了500磅。这个消息发布之后，世界上有六位举重好手在一瞬间就举起了一直未能突破的500磅杠铃。

有一位撑竿跳的选手，一直苦练都无法越过某一个高度，他失望地对教练说："我实在是跳不过去。"

教练问："你心里在想什么？"

他说："我一冲到起跳线时，看到那个高度，就觉得我跳不过去。"

教练告诉他："你一定可以跳过去。把你的心从竿上摔过去，你的身子也一定会跟着过去。"

他撑起竿又跳了一次，果然跃过。

西方有句名言："一个人的思想决定一个人的命运。"不敢向高难度的工作挑战，是对自己潜能的自我束缚，只能使自己无限的潜能浪费在无谓的琐事中。与此同时，无知的认识会使人的天赋减弱，因为懦夫一样的所作所为，不配拥有生存状态之下的高层境界。

心，可以超越困难，可以突破阻挠；心，可以粉碎障碍；心，终会达到你的期望。最大的障碍是你自己，是你面对"不可能完成"的工作时心中给自己定义为无能力完成这份工作的消极心态。

勇于向极限挑战的精神，是获得高标准生存之境的基础。职场之中，很多人如你一样，虽然颇有才学，具备种种获得上司赏识的能力，却有个致命弱点：缺乏挑战极限的勇气，只愿做职场中谨小慎微的"安全专家"。对不时出现的那些异常困难的工作，因觉得不能做好而不敢主动发起"进攻"，一躲再躲，恨不得避到天涯海角。结果，终其一生，也只能从事一些平庸的工作。

"职场勇士"与"职场懦夫"，在上司心目中的地位有天壤之别，根本无法相提并论。一位企业老总描述自己心目中的理想员工时说："我们所急需的人才，是有奋斗进取精神，勇于向不可能完成的工作挑战的人。"勇于向"不可能完成"的工作挑战的员工，犹如稀有动物一样，始终供不应求，是人才市场上的"抢手货"。

在如此失衡的市场环境中，如果你是一个"安全专家"，不敢向自己的极限挑战，那么，在与"职场勇士"的竞争中，永远不要奢望得到上司的垂青。当你万分羡慕那些有着杰出表现的同事，羡慕他们深得老板器重并被委以重任时，那么，你一定要明白，他们的成功绝不是偶然的。他们之所以成功，得到老板青睐，很大程度上取决于他们勇于挑战"不可能完成"的工作。在复杂的职场中，正是秉持这一原则，他们磨砺生存的利器，不断力争上游，才能不断上升。

职场之中，渴望成功，是多数员工的心声。如果你也在其列，那么当一件人人看似"不可能完成"的艰难工作摆在你面前时，不要抱着"避之唯恐不及"的态度，更不要花过多的时间去设想最糟糕的结局，不断重复"根本不能完成"的念头——这等于在预演失败。

要想从根本上克服这种无知的障碍，走出"不可能"这一自我否定的阴影，跻身高层生存境界之列，你必须有充分的自信。相信自己，用信心支撑自己完成这个在别人眼中不可能完成的工作。

当然，在灌注信心的同时，你必须了解这些工作为什么被誉为"不可能完成"的工作。针对工作中的种种"不可能"，看看自己是否具有一定的挑战力；如果没有，先把自身功夫做足做硬，"有了金刚钻，再揽瓷器活儿"。须知道，挑战"不可能完成"的工作常有两种结果：成功或失败。而你的挑战力往往使两者只有一线之差，不可不慎。

换言之，如果你对自己的挑战力判断有误，挑战之后让"不可能完成"变成现实，千万不要沮丧失望。聪明、成熟的上司，一定不会只看结果，还会观察你敢于挑战的工作态度和头脑的运用。他比任何人都明白，没有一种挑战会有马到成功的必然性。所以，你所经历的、所得到的，都是胆怯观望者们永远都没有机会知道的——因为他们根本就不敢尝试。

　　极限并非不可逾越，不可逾越的只有你心中的那道坎。如果你想提升自己的生存境界，你给自己设定的那个极限就必须要靠你自己努力跨越。这样，你的人生才不至于黯淡无光。

第七章
做人要有大谋略，大智慧书写大人生

做人要把握好尺度，万事都要留有余地。做人要聪明不外露，做一个糊涂的精明人；糊涂是大智若愚，是懂得进退之道，是随机应变的智慧与谋略。做人一定要学会能屈能伸，"忍"字当先，到了矮檐之下，该低头时要低头。人要能方能圆，要外圆内方，就是行欲方而智欲圆……掌握了这些做人的谋略和智慧，必能帮助你书写大人生。

"屈"是"伸"的积蓄阶段

咄咄逼人的气焰人人都讨厌，在深深的沉默之中往往隐藏着仇恨的种子。

——奥维德

春秋时，越王勾践夫妇曾被抓作人质，给夫差当奴役。从一国之君到为人仆役，这是多么大的羞辱啊。但勾践忍了，屈了。是甘心为奴吗？当然不是，他是在伺机复国报仇。

到了吴国后，他们住在山洞石屋里，夫差外出时，勾践就亲自为之牵马。有人骂他，也不还口，始终表现得十分驯服。

一次，吴王夫差病了，勾践在背地里得知此病不久便可痊愈。于是勾践去探望夫差，并亲口尝了尝夫差的粪便，然后对夫差说："大王的病不久就会好的。"夫差就问他为什么。勾践就顺口说道："我曾跟名医学过医道，只要尝一尝病人的粪便，就能知道病的轻重，刚才我尝大王的粪便味酸而稍有点苦，所以您的病很快就会好，请大王放心！"果然，没过几天夫差的病就好了。夫差认为勾践比自己的儿子还孝敬，十分感动，就把勾践放回了越国。

勾践回国后，依旧过着艰苦生活。一是为了笼络大臣和百姓，一是因为国力太弱，为养精蓄锐，报仇雪耻。他睡觉时连褥子都不铺，而铺柴草，还在房中吊了一个苦胆，每天尝一口，为的是不忘所受的苦。

吴王夫差放松了对勾践的戒心，勾践正好有时间恢复国力，厉兵秣马，终于可以一战了。两国在五湖决战，吴军大败，勾践率军灭了吴国，活捉了夫差，两年后成为霸王。正所谓"苦心人，天不负，卧薪尝胆，三千越甲可吞吴"。

勾践所受之辱，所吃之苦，可以说达到极点了。但他熬了过来，不仅报了仇，雪了耻，还成了当时的霸王。正是"先当孙子后当爷"，如果当时不屈，当"孙子"时就死了，还能成"爷"吗？

做人要能屈能伸。"屈"是暂时的，暂时的忍辱负重是为了长久的事业和理想。不能忍一时之屈，就不能使壮志得以实现，使抱负得以施展。"屈"是"伸"的准备和积蓄的阶段，就像运动员跳远一样，屈腿是为了积蓄力量，把全身的力量凝聚到发力点上，然后将身跃起，在空中舒展身体以达到最远的目标。

古来成大事者必是能屈能伸的伟丈夫。人生处世有两种境界：一是逆境，二是顺境。在逆境中，困难和压力逼迫身心，这时应懂得一个"屈"字，委曲求全，保存实力，以等待转机的降临。在顺境中，幸运和环境皆有利于我，这时当懂得一个"伸"字，乘风万里，扶摇直上，以顺势应时更上一层楼。

何谓屈？何谓伸？何谓能屈能伸？善屈善伸，大屈大伸！屈，是一种难得的糊涂，一种"水往低处流"的谦逊；"屈"，是在困境中求存的"耐"，在负辱中抗争的"忍"，在名利纷争中的"恕"，在与世无争中的"和"。"伸"，是忍让的谋略，以弱胜强的气概。伸是无可无不可的两便思维，是"有也不多，无也不少"的自如心态。

要想成就一番大事业就得忍受常人所不能忍受的耻辱。历史将赋予你重大的任务，你就要做好吃苦受辱的准备，那不仅是命运对你的考验，也是自己对自己的检验。面对耻辱，要冷静地思考，会不会出现生命的劫难，会不会从此一蹶不振、永难再起？如果真存在这种情况，那么就要三思而后行，而不是鲁莽地凭自己的一时意气用事。因为人在遭遇困厄和耻辱的时候，如果自己的力量不足以与彼方抗衡，那么最重要的是保存实力，而不是拿自己的命运做赌注，做无谓的争取。意气用事是莽夫的行为，绝不是成就大事业的人的作为。

做人还需保持一份受辱的大度，当受到他人侮辱时也不要怒形于色。一个人有宁可忍辱、息事宁人的胸襟，在人生的旅途中自会觉得妙处无穷，对自己的前程也必将是受用不尽。

大丈夫根据时势，需要屈时就屈，需要伸时就伸；可以屈时就屈，可以伸时就伸。屈于应当屈的时候，是智慧；伸于应当伸的时候，也是智慧。屈是保存力量，伸是光大力量；屈是隐匿自我，伸是高扬自我；屈是生之低谷，伸是生之巅峰。随时势能屈能伸，柔顺如同薄席，可卷可张，这不是出于胆小怕事；刚强、勇敢而又坚毅，从不屈服于人，这不是出于骄傲暴戾。

人生有起有伏，大丈夫能屈能伸。起，就起他个直上云霄；伏，就伏他个如龙在渊；屈，就屈他个不露痕迹；伸，就伸他个清澈见底。这是多么奇妙、痛快、潇洒的情境。

至少要有七成胜算才可行事

高超的智慧、普通的勇气，比出众的勇气兼普通的智慧有更大的作用。

——克劳塞维茨

凡事不要太过浮躁，一旦大意轻敌，将陷入无法收拾的可悲境地。这个道理在中外历史上屡屡应验。如日本在第二次世界大战时偷袭珍珠港，美军毫无防备，结果太平洋舰队几乎全军覆没。而日本当时胜算可谓极小，却仍然不顾一切地发动战争，其后果当然可想而知了。日本人自古以来便以此种冒险式的"玉碎战法"而自我炫耀，不求稳妥，故多有败绩。

《孙子兵法》中说："多算胜，少算不胜，由此观之，胜负见矣。"这里的"算"是指"胜算"，也就是制胜的把握。胜算较大的一方稳操胜券，而胜算较小的一方则难免见负，毫无胜算的战争更不可能获胜了。因而，稳中求胜就显得更为重要了。

战术要依情势的变化而定，整个战争的大局，必须要事先有可行的计划。战前的胜算多，才会获胜，胜算小则不易胜利，这就是稳中求胜的道理。如果没有胜算就与敌人作战，那就失了稳的要义了。因此，若居于劣势，则不妨先行撤退，待敌人有可乘之机时再作打算。无视对手的实力，强行进攻，有悖稳妥之道，无异于自取灭亡。

这种倾向在现代企业经营策略之中亦极明显。虽然从某个角度来看，"拼命三郎"的经营形态在一定程度上造就了日本经济的繁荣，但是这种做法只适用于基础的建立，却难以持续发展下去。没有把握的战争不可能一直侥幸获胜，终究会碰到难以克服的障碍。因此，当我们要开创事业，或者拓展业务时，最好还是有获胜的把握再动手。

在任何时代任何国家，有资格被尊为"名将"的人，都有个大原则，即不勉强应战或者发动毫无胜算的战争。三国时期的曹操便是一例。他的作战方式被誉为"军无幸胜"。所谓的幸胜便是侥幸获胜，即依赖敌人的疏忽而获胜。实际上，曹操的制胜手段绝非如此，而是确实掌握了相当的胜算，依照作战计划一步一步地进行，稳稳当当地获取胜利。

虽说要把握胜算，然而经济活动是人与人之间打交道，所以不可能有完全的胜算。因为其中包含着许多人为因素，诸如情感因素，所以不可能有完全的胜算。不过，至少要有七成以上的胜算，才可计划行事。

而要做到有把握，就必须知彼知己。话虽然很容易理解，实际做起来却有难度。处于现代社会中的人，均应以此话来时时提醒自己，无论做何种事均应做好事前的调查工作，确实客观地认清双方的具体情况，才能获胜。

人生有时候还是需要像打球一样，即使我方遥遥领先，仍须奋力前进，掌握得分的机会。荀子说："无急胜而忘败。"即在胜利的时候，别忘了失败的滋味。有的人在胜利的情形下得意忘形，麻痹大意，结果铸成大错。须知"祸兮福之所倚，福兮祸之所伏"，在任何情况下，都要预先设想万一失败的情况，事先准备好应对之策。

拿企业经营来讲，一个企业在经营时，必须事先做最坏的打算，拟好对策，务必使损失降至最低。如此一来，即使失败了也不会造成致命的伤害，这一点至关重要。就个人来讲，如果有了心理上的准备，情绪上就会放松，遇到问题也能稳稳当当地解决。

顺时而变，恰到好处

规矩备具，而能出于规矩之外；变化不测，而亦不背于规矩之外。

——吕本中

第七章 做人要有大谋略，大智慧书写大人生

佛下山讲说佛法，在一家店铺里看到一尊释迦牟尼像，青铜所铸，形态逼真，神态安然，佛大悦。若能带回寺里，开启其佛光，济世供奉，真乃一件幸事。可店铺老板要价5000元，分文不能少，加上见佛如此钟爱它，更加咬定原价不放。

佛回到寺里对众僧谈起此事，众僧很着急，问佛打算以多少钱买下它。佛说："500元足矣。"众僧唏嘘不已："那怎么可能？"佛说："天理犹存，当有办法，万丈红尘，芸芸众生，欲壑难填，得不偿失啊，我佛慈悲，普度众生，当让他仅仅赚到这500元！"

"怎样度他呢？"众僧不解地问。

"让他忏悔。"佛笑答。众僧更不解了。佛说："只管按我的吩咐去做就行了。"

第一个弟子下山去店铺里和老板砍价，弟子咬定4500元，未果回山。

第二天，第二个弟子下山去和老板砍价，咬定4000元不放，亦未果回山。

就这样，直到最后一个弟子在第九天下山时所给的价已经低到了200元。眼见着一个个买主一天天下去、一个比一个价给得低，老板很是着急，每一天他都后悔不如以前一天的价格卖给前一个人了，他深深地懊恼自己太贪。到第十天时，他在心里说，今天若再有人来，无论给多少钱我也要立即出手。

第十天，佛亲自下山，说要出500元买下它，老板高兴得不得了——竟然反弹到了500元！当即出手，高兴之余另赠佛龛台一具。佛得到了那尊铜像，谢绝了龛台，单掌作揖笑曰："欲望无边，凡事

有度，一切适可而止啊！善哉，善哉……"

俗言道："凡事留一线，日后好见面。"凡事都能留有余地，方可避免走向极端。特别是在权衡进退得失的时候，务必注意适可而止，尽量做到见好就收。

古人说："力能则进，否则退，量力而行。"自不量力是做人的大敌。当一个人在一种境地中感到力不从心的时候，退一步反而是为更进一步打下基础。

人生就是一个"无限"。但是，我们也不能因为无限，就肆无忌惮。有的时候，更应该有个"适可而止"的人生。强开的花难美，早熟的果难甜，天地的节气时令，总有个时序轮换。悬崖要勒马，尸祝不代庖，举凡吾人的行事，也要有个分寸拿捏。"适可而止"，实在可以作为座右铭的参考。

在人生悲欢离合、喜怒哀乐的起承转合中，人应随时随地、恰如其分地选择适合自己的位置。中国人说："贵在时中。"时就是随时，中就是中和，所谓时中，就是顺时而变，恰到好处。正如孟子所说的："可以仕则仕，可以止则止，可以久则久，可以速则速。"

一个人是否成熟的标志之一是看他会不会退而求其次。退而求其次并不是懦弱畏难。当人生进程的某一方面遇到难以逾越的阻碍时，善于权变通达，心情愉快地选择一个更适合自己的目标去追求，这事实上也是一种进取，是一种更踏实可行的以退为进。

尤其在中国古代的政治生活中，不懂得适可而止，见好就收，无疑是临渊纵马。中国的君王，大多数可与同患，难与处安。故老子早就有言在先："功成，名遂，身退。"范蠡乘舟浮海，得以终身安乐；文种不

听劝告，引剑自尽。此二人，足以令中国历代臣宦者为戒。不过，人的不幸往往就是"不识庐山真面目"。

因此，古人告诫说："受恩深处宜先退，得意浓时便可休。"即使是恩爱夫妻，天长日久的耳鬓厮磨，也会有爱老情衰的一天。北宋词人秦少游所谓"两情若是久长时，又岂在朝朝暮暮"，这不只是劳燕两地的分居夫妻之心理安慰，更应成为终日厮守的男女情侣之醒世忠告。

适可而止，见好就收，是历代智者的忠告，更是一门处世的艺术。

任何人不可能一生总是春风得意。人生最风光、最美妙的往往是最短暂的。俗言道："花无百日红，人无千日好。"就像打牌一样，一个人不能总是得手，一副好牌之后往往就是坏牌的开始。所以，见好就收便是最大的赢家。世故如此，人情也是一样。与人相交，不论是同性知己还是异性朋友，都要懂得适可而止。君子之交淡如水，既可避免势尽人疏、利尽人散的结局，同时友谊也只有在平淡中见真情。越是形影不离的朋友越容易反目为仇。

世事如浮云，瞬息万变。不过，世事的变化并非无章可循，而是穷极则返，循环往复的。事盛则衰，物极必反。生活既然如此，做人处事就应处处讲究恰当的分寸。基于这种认识，中国人在这方面表现出高超的处世艺术。中国人常说："做人不要做绝，说话不要说尽。"廉颇做人太绝，不得不肉袒负荆，登门向蔺相如谢罪；郑伯说话太尽，无奈何掘地及泉，隧而见母。

为人处世，不妨看轻自己

我们应该谦虚，因为你我都成就不了多少。我们都只是过客，一世纪以后都完全遗忘。生命太短促，不能老谈自己微小的成就来教人厌烦，且让我们鼓励别人多谈吧。

——戴尔·卡耐基

20世纪美国著名小说家和剧作家布思·塔金顿有一次应邀参加红十字会举办的艺术家作品展览会。会上，一个小女孩让布思·塔金顿签名，布思·塔金顿欣然接受了。他想，自己这么有名，小女孩肯定会喜欢他的签名。但当小女孩看到他签的名字不是自己崇拜的明星的时候，小女孩当场就把布思·塔金顿的留言和名字擦得一干二净。布思·塔金顿当时很受打击，那一刻，他所有的自负和骄傲便瞬间化为泡影。从此以后，他开始时时刻刻地告诫自己：无论自己多么出色，都别太把自己当回事！

在现实生活中，有些人习惯以自我为中心，总把自己看得太重，而偏偏又把别人看得太轻。总以为自己博学多才，满腹经纶，一心想干大事、创大业；总以为别人这也不行，那也不行，唯独自己最行。一旦失败，就满腹牢骚，觉得自己怀才不遇。自认怀才不遇的人，往往看不到别人的优秀；愤世嫉俗的人，往往看不到世界的精彩。把自己看得太重的人，心理容易失衡，个性脆弱却盛气凌人，容易变得孤立无援，停滞不前。

把自己看得太重的人，常常难以表现得理智：总以为自己了不起，不是凡间俗胎，恰似神仙降临，高高在上、盛气凌人；总以为自己是能工巧匠，别人不行，唯有自己最行；总以为自己的工作成绩最大，记功评奖应该放到自己头上，稍不遂意，骂爹骂娘……

把自己看得太重的人，容易心理失衡、性格脆弱、意志薄弱；容易使自己独断骄横、跋扈傲慢、停滞不前。

看轻自己，是一种风度，是一种境界，是一种修养。把自己看轻，需要淡泊的志向、旷达的胸怀、冷静的思索。

善于把自己看轻的人，总把自己看成普通的人，处处尊重别人；总觉得群众是最好的老师，自己始终是个小学生；即使自己贡献最大，也不居功自傲；处处委曲求全，为人谦虚和蔼。

把自己看轻，绝非一般人所能做到的。它是光明磊落的心灵折射，它是无私心灵的反映，它是正直、坦诚心灵的流露。

把自己看轻，绝不是去鄙视自己，绝不是去压抑自己，绝不是去埋没自己，绝不是要你去说违心的话，绝不是要你去做违心的事，绝不是要你去理不愿理的烦恼。相反，它能使你更加清醒地认识自己、对待自己，不以物喜，不以己悲。

名人尚且如此，何况我们这些平凡之辈？或许，你所听到的那些夸赞你的话语，只不过是一场游戏中需要的一句台词。等游戏结束，你应该马上清醒，摆正自己。我们应该知道，我们只不过是在扮演生活中的一个角色罢了。曲终人散后，卸下所有的妆，你会发现剩下的只有满身的疲倦，所有的掌声、鲜花、微笑，都只不过是游戏中必备的道具罢了。

在生活中，我们要学会看轻自己：在家庭中，不妨看轻自己，不要把自己当成"一言九鼎"的家长，才能更好地与孩子沟通、与爱人和睦相处；在事业上，即使春风得意，也不妨看轻自己，不要把自己当成众人之上的"楚霸王"，这样才能结交更多志同道合的盟友，听取更多有益于事业发展的意见；在朋友圈子里，不妨看轻自己，才能结识到推心置腹的哥们儿，让自己时刻保持清醒的头脑。总之，把自己看轻，才能成为天使，飞越坎坎坷坷，拥有和谐的人生！

现实生活中，有人把自己看重的地方很多，而把自己看轻的地方很少；看重自己的东西很多，而看轻自己的东西很少。

诗人鲁藜曾说道："如果在一个群体里，老把自己当作主角，别人不仅不会接受，反而会嘲笑你。"把自己看轻不是自暴自弃，也不是胆怯懦弱。看轻自己，你的谦逊必能为大家所折服。你越看轻自己，就越能被人看重。

看轻自我的人总不轻易放弃。他们深知，自己的成功是上天的安排，然而，是否去追求成功却在于自我的努力。

看轻自我的人总是不知足，对于成功总是低调却执着地追求。聪明圣知，守之以愚；功被天下，守之以让；勇力抚世，守之以怯；富有四海，守之以谦。

看轻自我的人，总是把过去的成功抛诸脑后，在前进的道路上迈向更高的平台；看轻自我，是把面临的挑战作为一种潜在的动力，心静如水，勇敢地去迎接；看轻自我，是全身心地去展现自我，乐观、自信、充满活力。

所以，努力去做一个看轻自我的人，即使面临的将是一座难以攀登的高峰，也会以平和的心态去面对。别太拿自己当回事，其实是一种福分。

不可轻视每一个对手

人不应该有高傲之心，高傲会开花，结成破灭之果。在收获的季节，会得到止不住的眼泪。

——埃斯库罗斯

子贡是孔子门中的恃才自傲者。他学识渊博，反应敏捷，口才出众，自以为是个全才，也非常希望像宓子贱那样，让孔子肯定自己为君子。孔子知道子贡有辩才又尊师，认为子贡以后必成大器，但是他又看到子贡善辩而骄、多智少恕，只能称得上是一块瑚琏。瑚琏是宗庙里一种用来盛粮食的贵重华美的祭器。孔子借此比喻子贡还没有达到高级别的"器"，还需要继续加强修养。

恃才自傲者，通常表现为妄自尊大、自命不凡、肆无忌惮、目中无人。只要有机会标榜自己，就会抓住不放地大吹大擂、口出狂言，常会给人一种趾高气扬、傲慢无礼的感觉，仿佛周围人都是一些鼠目寸光、酒囊饭袋之辈。这也是人们常说的"狂妄"。

狂妄与骄傲不同。骄傲，通常是对自己的长处自吹自擂、自高自大。尽管骄傲也有夸大的成分，即夸大自己的长处，把自己说得花好桃好，但绝不会口出狂言、放肆无礼。而狂妄则是极端地骄傲，完全目中无人，得意时忘形，不得意时照样忘形。

祢衡是东汉末年的一位名士，很有才华，但他也很狂妄。当时，曹操为了扩大自己的实力，急欲招募一些有才能的人为自己效力。求贤若渴的曹操听说祢衡有才，就想将他招为自己的麾下，可祢衡却看不起曹操，不仅不肯来，还说了许多不敬的话。曹操知道后虽然十分生气，但因爱惜他的才华，就没有杀他。曹操听说祢衡会击鼓，便强令他到自己的麾下做一名鼓吏。

有一天，曹操大宴宾客，就让祢衡击鼓，并特意为他准备了一套青衣小帽。当祢衡穿着一身布衣来到席间时，从官大声呵斥："你既是鼓吏，为什么不换衣服？"

祢衡马上就明白了，这是曹操在整自己，于是不慌不忙地脱了外衣，又脱下内衣，最后就当着满堂宾客的面，一丝不挂地裸身而立，然后才慢慢地换上曹操为他准备的鼓吏装束，击了一通《渔阳三弄》。曹操再三容忍，始终没有发作。

曹操并没有死心，又一次备下盛宴，要召见祢衡，并准备好好款待他，可狂傲的祢衡并不领情，还手执木杖，站在营门外大骂。看到这样的情况，曹操的从官都要求曹操杀了他，曹操这一次也很生气，但为了自己的名声，只得说："我要杀祢衡，就像踩死一只蚂蚁那么容易，只是因为这个人有点虚名，我如果杀了他，天下之人定会以为我不能容他。不如把他送给刘表，看刘表怎么处置他吧。"

刘表当时是荆州的太守，他很明白曹操的意图，就是想借他的手除掉祢衡。他也不愿落个杀才士的恶名，不得已，只好将祢衡送给了江夏太守黄祖。

黄祖可不像曹操、刘表那样有心计，他的脾气很暴躁，也不图那种爱才的美名，碰到像祢衡这样的狂妄之人，自然是与他水火不容。

一次，黄祖在一艘大船上宴请宾客，祢衡出言不逊，黄祖呵斥他，祢衡竟然盯着黄祖的脸说："你整天绷着一张老脸，就像一具行尸走肉，你为什么不让我说话呢？"黄祖可没曹操那样的雅量，一气之下，便将他斩首了。这就是祢衡狂妄的最终下场。

如祢衡一般狂妄的人，在历史上有很多。三国时期的杨修，是有名的聪明人，但最终落得让曹操"喝刀斧手推出斩之，将首级号令于辕门外"的悲惨结局，究其原因，乃是"为人恃才放旷，数犯曹操之忌"，可以说是"聪明反被聪明误"，空有聪明而无智慧。韩信是一个军事天才，也是一个不折不扣的聪明人，但他对为臣之道很不精通，缺少政治智慧，恃才放旷，最后落得功成身死的下场。

有些错误是在无知中产生的，还有些错误是由我们的骄傲自大引发的。被胜利冲昏了头脑，评判事物的标尺就会失衡。所以，即便是取得了一定成就的人，也不应该自鸣得意、沾沾自喜。

不论是意外的幸运，还是经过长期奋斗而终于取得的成功，心中充满巨大的快乐，以致一段时间欣喜若狂都是可以理解的，因为人生中还有什么比成功更值得高兴的事情呢？如果一个人因一次成功，从此就一直这么欣喜若狂，自以为高人一等，到处显耀自夸，总是表现出一种优胜者的得意忘形和骄傲自满，人们虽然不至于说他是疯子，大概也绝不会敬佩他，而只会鄙视他。

如果自鸣得意者只是有一种优胜者良好的自我感觉，而且能以此感觉而不停顿地勇敢向前奋进，这当然是一种美好的心理状态，在这种心理状态下，他可以不断地取得新的成功。但是一般来说，不谦虚的人，很难把自己的感觉控制在这个境界。恰恰相反，他只是自以为很了不起，而不知道天外有天，人外有人。

现实生活中，不乏"狂妄"者：他对工作和学习都不怎么认真，取得的成绩当然也就比不过那些努力踏实的人，但他就是不肯承认自己的错误和缺点，总认为别人花在工作和学习上的时间多，所以成绩比自己好，对别人取得好成绩非但不服气，反而硬要"狂妄"地认为自己就是比别人强。这种"狂妄"，是完全不正视自己的缺点和错误的"狂妄"，是完全不理智也不现实的"狂妄"，其实质就是极端盲目的自高自大。这种"狂妄"，对我们的工作和学习不会有任何好处。在现实生活中，这种"狂妄"者还确实不少，它不但给"狂妄"者自身造成巨大危害，同时也给"狂妄"者周围的人群和团体，乃至社会和人民造成巨大危害。

欲成大事，则应遇事多思考，全面地分析问题，不可自恃聪明，不可轻视每一个对手，不可错过每一个细节，不可放过每一个机会。

面向未来，才能实现对自我的超越。学识渊博的浮士德所大声宣称的"我永远不能满足自己"，就是一句不断否定自我、不断超越自我的誓言。海德格尔的超越理论对我们也有一定的启迪价值，他在竭力张扬"亲在"，即"人生在世""在世界之中"的前提下，对自我的必然被超越、自我如何被超越，做出了深刻的思辨，概括了超越的三条途径——实际上是超越的三个方面，即超越世界、超越他人、超越现实。

如果我们能够把自我放在这样一个不断被考问、不断被超越的境地，我们就会迎来"一个比原来更美丽动人的自我"，使我们的生命总是呈现出一种全新的状态。这样，一切自鸣得意、骄傲自满和高人一等的情绪就会烟消云散，最后我们就不会轻视每一个对手。

不要让别人觉得你比他更聪明

谦逊是藏于土中甜美的根，所有崇高的美德由此发芽滋长。

——苏格拉底

小李现在是某大企业最有人缘的人力资源部经理，但是，她也曾经是一个让同事们羡慕、忌妒，甚至讨厌的小女人。原因是，她刚到公司的时候，最喜欢吹嘘自己以前在工作方面的成绩，以及自己的每一个成功的地方。同事们对她的自我吹嘘感到非常讨厌，尽管她所说的都是千真万确的事实。为此，小李很是烦恼了一段时间。

最后，小李甚至无法在公司里继续工作了，所以，她不得不向业内有识之士请教。对方在听了她的讲述之后，认真地说："唯一的解决方法，就是隐藏自己的聪明以及你所有优越的地方。"

对方继而说道："他们之所以不喜欢你，仅仅就是因为你比他们更聪明，或者说你常常拿自己的聪明向他们展示。在他们的眼中，你的行为就是故意炫耀自己，他们心里难以接受。"小李听后恍然大悟。

她回去后就严格按照对方的话要求自己，在公司几乎不谈自己的聪明以及那些曾经的成功；相反，她非常认真地倾听公司其他人口若悬河的谈论。很快，公司的同事们就改变了对她的态度，慢慢地,她成了公司最有人缘的人。

法国哲学家罗西法古说:"如果你要得到仇人,就表现得比你的朋友聪明与优越;如果你想得到朋友,就让你的朋友表现得比你自己更聪明优越。"罗西法古毕竟是大哲学家,简单的一句话,就精确地道破了人与人之间相处的原则,也掌握住了人们在面对别人的优势与能力时微妙的心理变化,以及这种变化带来的结果。

为什么这样说呢?根据心理学家分析,当自己表现得比朋友更聪明和优越时,朋友就会感到自卑和压抑;相反,如果我们能够收敛与谦虚一点,让朋友感觉到自己比较重要时,他就会对你和颜悦色,也不会对你心存忌妒了。

不要让别人觉得你比他更聪明,这样,你就能得到更多的朋友,还会减少竞争对手,避免与人产生不必要的争斗。

比如,上司和你有一样的某种特长,对方和你比赛,你必须让他一步,即使他人的技术敌不过你,你也得让对方获得胜利。但是,也不能一味地退让,一味退让便表现不出你的真实本领,或许会使对方误认为你的技术不太高明,对你产生轻视的心理。

因此,你和对方比赛时,应该施展你相当的本领,先造成一个均势的局面,使对方得知你并不是一个弱者;进一步再施小计,把他逼得很紧,使他神情紧张,才知道你是个能手;再一步,故意留个破绽,让他突围而出,从劣势转为均势,从均势转为优势,结果把最后的胜利让与对方。对方得到这个胜利,不但费过很多心力而且危而复安,精神一定相当轻松,对你也有敬佩之心。

不过在安排破绽时,必须要自然得当,千万不要让对方看出这是你故意使他胜利，否则便感觉你这个人非常虚伪。困难的是起初你还能以理智自持，比赛到后来，感情一时冲动，好胜心勃发，不肯再作让步；或在有意无意之间，无论在神情上、语气上还是在举止上，不免流露出故意让步的意思，那就白费心机了。

生活中往往会有一些人，无理争三分，得理不让人，小肚鸡肠；反之，有一部分人真理在握，不吭不响，得理也让人三分，显得绰约柔顺，君子风度。前者常常是由于生活中的不安定因素所造成的，后者则具有一种天然的向心力；一个活得叽叽喳喳，一个活得自然潇洒。有理，没理，饶人不饶人，一般都是在是非场上、论辩之中。如果是重大的或重要的是非问题，自然应当不失掉原则地论个青红皂白。但日常生活中，也包括工作中，常常为一些非原则问题、鸡毛蒜皮的问题争得不亦乐乎，以至于非得决一雌雄才算罢休，这是不明智的。

争强好胜者未必能够掌握真理，而谦和的人，原本就把出人头地看得很淡，更不用谈一点小是小非的争论了，根本不值得称雄。假如你有理，却表现得十分谦逊，常常能显示出一个人的胸襟之坦荡、修养之深厚。

人生要有大手笔

大智慧隐藏于糊涂中

如果你追踪机智，结果却会抓住愚蠢。

——孟德斯鸠

美国总统威尔逊小时候比较木讷，镇上很多人都喜欢和他开玩笑，或者戏弄他。一天，他的一个同学一手拿着一美元，一手拿着五美分，问小威尔逊会选择拿哪一个。

小威尔逊回答："我要五美分。"

"哈哈，他放着一美元不要，却要五美分。"同伴们哈哈大笑，四处说着这个笑话。

许多人不信小威尔逊竟有这么傻，纷纷拿着钱来试。然而屡试不爽，每次小威尔逊都回答"我要五美分"。整个学校都传遍了这个笑话，每天都有人用同样的方法愚弄他，然后笑呵呵地走开。

终于，他的老师有一天忍不住了，当面询问小威尔逊："难道你连一美元和五美分都分不清大小吗？"

"我当然知道。可是，我如果要了一美元的话，就没人愿意再来试了，我以后就连五美分也赚不到了。"

你看，小威尔逊只是不愿把心思放在小聪明上，而只着眼于智慧。

大凡立身处世，是最需要聪明和智慧的，但聪明与智慧有时候却依赖糊涂才得以体现。郑板桥说："聪明有大小之分，糊涂有真假之分，所谓小聪明大糊涂是真糊涂假智慧。而大聪明小糊涂乃假糊涂真智慧。所谓做人难得糊涂，正是大智慧隐藏于难得的糊涂之中。"

郑板桥的一句"难得糊涂"流传至今，成为众多人的座右铭。难得糊涂，方是人生佳境；凡事较真的人，往往会输得比较惨。

"难得糊涂"，表面上看是糊涂，其实是一种聪明。这里的"糊涂"并不是真糊涂，而是"假糊涂"，嘴里说的是"糊涂话"，脸上露出的是"糊涂的表情"，做的却是"明白事"。因此，这种"糊涂"是穷人变为富人的一种高级智慧，是精明的另一种特殊表现形式，是适应复杂社会、复杂情景的一种高级的、巧妙的方式。

从理论上讲，一个人的智商高出普通人的正常值，这样的人就是我们生活中常说的聪明人。然而，顺着这个逻辑，我们会发现很多成功的人物并不绝顶聪明，相反，他们可能还曾是有些笨的人。有个统计数字显示，成功的人物中最多只有不超过10%的人智商超群，其余90%的人智商只是普通人水平。但是，他们成功了。为什么会这样呢？原来，成功的人物更重视智慧。

生活中，聪明与智慧实在是两回事。聪明是一种先天的东西，但这种先天的聪明不能让聪明人取得成功，所以我们经常看到很多聪明人往往一事无成。

而智慧就不同了，有智慧的人未必聪明，如寓言《塞翁失马》中的塞翁，《愚公移山》中的愚公。他们眼里看见的不是即时的利益，而是日后的好处，因为日后的大利，他们肯去吃眼前的苦。这样的人肯定不是聪明人，却是有智慧的人。

生活中，智慧和聪明就像主仆关系。主人没有仆人的协助不行，会显得非常笨拙狼狈，缺乏效率。但再聪明的仆人也还是仆人，他不可能是主人。仆人需要主人指明方向，没有主人的仆人，等于失去了用处。

因此，我们必须通过实践把聪明转变成智慧，在智慧的基础上行动，从而能够事半功倍。智慧可以成就大事业，能经受时间考验；聪明只能带来一时的成功，总有机关算尽的时候。当然，聪明不是错，更不是罪，关键是要用好自己的聪明，把聪明转化为智慧。这样，才能为自己的人生锦上添花，而不会让它成为美丽的泡沫。

审时度势，绕道而行

变则新，不变则腐；变则活，不变则板。

——李渔

在一次欧洲篮球锦标赛上，保加利亚队与捷克斯洛伐克队相遇。当比赛只剩下 8 秒钟时，保加利亚队以 2 分优势领先，一般说来已稳操胜券。但是，那次锦标赛采用的是循环制，保加利亚队必须赢球超过 5 分才能取胜。可要用仅剩下的 8 秒钟再赢 3 分绝非易事。

这时，保加利亚队的教练突然请求暂停。当时许多人认为保加利亚队大势已去，被淘汰是不可避免的，该队教练即使有回天之力，也很难力挽狂澜。然而等到暂停结束比赛继续进行时，球场上出现了一件令众人意想不到的事情：只见保加利亚队拿球的队员突然运球向自家篮下跑去，并迅速起跳投篮，球应声入网。这时，全场观众目瞪口呆，而全场比赛结束的时间到了。但是，当裁判员宣布双方打成平局需要加时赛时，大家才恍然大悟。保加利亚队这一出人意料之举，为自己创造了一次起死回生的机会。加时赛的结果是保加利亚队赢了6分，如愿以偿地出线了。

如果保加利亚队坚持以常规打完全场比赛，是绝对无法获得真正的胜利的，而往自家篮下投球这一招，颇有迂回前进之妙。在一般情况下，按常规办事并不错，但是，当常规已经不适应变化了的新情况时，就应解放思想，打破常规，以奇招怪招来制胜。只有这样，才可能化腐朽为神奇，取得出人意料的胜利。

鲁迅先生曾说过这样一句话："其实地上本没有路，走的人多了，也便成了路。"而世间之路又有千千万万，综而观之，不外乎两类：直路和弯路。

毫无疑问，在人生的征程中，大多数人都愿走直路，沐浴着和煦的微风，踏着轻快的步伐，踩着平坦的路面，这无疑是一种享受。相反，没有人乐意去走弯路，因为在一般人眼里，弯路曲折艰险而又浪费时间。然而，人生的征程中却总是弯路居多，山路弯弯，水路弯弯，人生之路亦弯弯，只会走直路的人，恐怕一遇上弯路就傻眼了。因此，要想取到真正的成功，每一个人都要学会绕道而行、曲折前进。

学会绕道而行，迂回前进，适用于生活中的许多领域。比如当你用一种方法思考一个问题和做一件事情，遇到思路被堵塞之时，不妨另用他法，换个角度去思索，换种方法去重做，也许你就会茅塞顿开，豁然开朗，有种"山重水复疑无路，柳暗花明又一村"的感觉。

《孙子兵法》中说："军争之难者，以迂为直，以患为利。故迂其途，而诱之以利，后人发，先人至，此知迂直之计者也。"这段话的意思是说，军事战争中最难处理的是把迂回的弯路当成直路，把灾祸变成对自己有利的形势。也就是说，在与敌方的争战中迂回绕路前进，往往可以在比敌方出发晚的情况下，先于敌方到达目标。

美国硅谷专业公司曾是一个只有几百人的小公司，面对竞争能力强大的半导体器材公司，显然不能在经营项目上一争高低。为此，硅谷专业公司的经理决定避开竞争对手的强项，并抓住当时美国"能源供应危机"中节油的这一信息，很快设计出"燃料控制"专用硅片，供汽车制造业使用。在短短五年里，该公司的年销售额就由200万美元增加到2000万美元，成本由每件25美元降到4美元。由此可见，虽然经商者寻求的是不断增加盈利，然而在激烈的竞争中每前进一步都会遇到困难，很少有投资者能直线发展，因此迂回发展也是大多数经商者所必须要走的共同道路。

在日常生活和工作中，我们也应有迂回前进的观念，凡事不妨换个角度和思路多想想。世上没有绝对的直路，也没有绝对的弯路。关键是看你怎么走，怎么把弯路走成直路。有了绕道而行的技巧和本领，才能在每一次出击中避开非赢即败的"老规矩"，从而顺利打通另一条成功的途径。

学会绕道而行，拨开层层云雾，便可见明媚阳光。也许你曾经奋斗过，也许你曾经追求过，你认定的路上却频频亮起红灯。你焦急，你无奈，你恨天，你怨地，但为什么就不能绕道而行呢？

绕道而行，并不意味着你面对人生的红灯而退却，也并不意味着放弃，而是在审时度势。绕道而行，不仅是一种进击之道，更是一种豁达和乐观的生活态度和理念。大路车多走小路，小路人多爬山坡，以豁达的心态面对生活，敢于和善于走自己的路，这样在人生的战场上，你将永远是一个出色的士兵，一个能够每次都拥抱胜利的成功者。

外圆而内方是做人之守则

和若春风，肃若秋霜。取象于钱，外圆内方。

——黄炎培

清代的张之洞为官几十载，两袖清风，真正是"出淤泥而不染，濯清涟而不妖"；同时他又纵横捭阖，叱咤风云，在晚清黑暗腐败的官场里入阁拜相，成为一代名臣。

张之洞的成功，不仅源自他的学识，还得益于他做人老到，进退有度、刚柔并济。张之洞虽然生性忠直，勇于针砭时事，敢于纠弹朝中要员，赢得人们的赞赏和钦佩。但在声名隆盛之时也没有忘乎所以，能时刻保持清醒的头脑。这正是张之洞做人的聪明之处。

张之洞虽正直，但又善于设防自保；他既有主见和个性，又不失灵活性。也就是既富于刚性，又不失弹性，具有刚柔相济的性格，是一个外圆内方的政治家；外表像柔软的海绵，骨子里却如同钢铁。他崇尚做人要圆通，是一种宽厚、融通，是大智若愚，是与人为善。

他的这种性格与他的大胆直谏看似矛盾，其实并不如此。

当时清流党中的张佩纶、邓承修等人受多次列直谏成功的鼓舞，热血奔涌，愈加放肆。他们纷纷上疏，弹劾一系列贪污受贿或昏庸误政的官员。而张之洞并不欣赏他们的这些做法，他认为一个人如果一味刚直、锋芒毕露、咄咄逼人，不仅容易惹火烧身、招致祸端，而且常常有性命之忧。那种逞血气之勇、图一时痛快的做法，绝非智者所为。身处你死我活、激烈竞争的官场旋涡之中，谁敢说自己能够永远做官场上的不倒翁？

张之洞遇事总是思前顾后，留有余地，凡事都力争有所回旋。比如他每次上奏进谏，虽然言辞激烈、慷慨激昂，但常常是针对事件有感而发，一般不直接将矛头对准某个人，也就是说他注重就事论事，通过事情论证是非曲直，而不搞人身攻击。即便是因为事件本身不得不触及某人，他也尽量减少对人物的斥贬，而是着重抨击事情的荒谬，这样就给人以光明磊落之感，既避免让局外人误认为是泄私愤，又让对手抓不住任何把柄。因此张之洞在官场上游刃有余，既善于出击，又巧于自保。

张之洞是一个成熟老到的政治家，他老谋深算，进退有度，处处为自己留下退路。他不结宗派、树私党，常常标榜自己"立身立朝之道，无台无阁，无湘无淮，无和无战""既和又不能同，既群又不能党"。在从政之中，由于政见趋同，很自然地会有至交好友。众所周知，当初在京纵论时政时，张之洞附着李鸿章这样的阁臣，成为清流党的"牛角"，而且在1876年年底至1881年的四年多时间里，其笔锋所向、触角所至，也无可辩驳地显示他是清流党的重要成员，但他时时处处竭力否认自己是清流党。

在被人视为"清流党"的头面人物中，张佩纶、陈宝琛等人招怨最多，而张之洞确乎遭人攻讦不多，这正是因为他这个"清流党"重在言事而少言人。张佩纶、陈宝琛，今天弹劾这个，明天弹劾那个，积怨甚多。而张之洞即使对自己的政敌也是虚与委蛇，尽管他纵横捭阖，但尽量不贸然得罪他人。慈禧重用张之洞，本有分李鸿章之势的用心，避免李鸿章集大权于一身。张之洞虽然与李鸿章在很多方面意见不一致，如甲午战争时，李鸿章主和，张之洞主战，李鸿章视张之洞为"书生之见"。但张之洞表面上还是表现出对李鸿章的极大推崇，据说当李鸿章七十寿辰时，张之洞为他作寿文，忙活了两天三夜，这期间很少睡觉。琉璃厂书肆将这篇寿文以单行本付刻，一时洛阳纸贵，成为李鸿章所收到的寿文中的压卷之作。张之洞如此处理与李鸿章的关系，显然包含着深刻的外圆意识。

正是因为张之洞做人的成功：他才能在官场上既如鱼得水，又出淤泥而不染；既抓住一切机会让朝廷赏识自己，又运筹帷幄为百姓办实事，成为著名的"圣相"。

为人处世，无刚不立，但过刚则易折。如何克服这一矛盾呢？外圆内方是个不错的选择。也就是说为人要品性刚正，但又要讲究谋略，柔中有刚，刚中带柔，刚柔并济，如此才是做人的至高境界。

"方"，方方正正，有棱有角，指一个人做事有自己的主张和原则，不被人所左右。"圆"，融通老成，指一个人做人讲究技巧，既不超人前也不落人后，或者该前则前，该后则后，能够认清时务，使自己进退自如，游刃有余。

如果一个人过于方正，有棱有角，必将碰得头破血流；如果说一个人八面玲珑，圆滑透顶，总是想让他人吃亏，自己占便宜，也必将众叛亲离。因此，做人必须方外有圆，圆外有方，外圆内方。

"方"讲究的是做事的原则，"圆"讲究的是做事要灵活，懂得变通。人仅仅依靠"方"是不够的，还需要有"圆"的包裹。无论是经商，还是交友、恋爱、谋职等，都需要掌握"方圆"的技巧，这样才能无往不利。

"圆"是做人之根本，是处世的锦囊。现实生活中，有的人在学校成绩是一流的，进入社会却成了打工的；有的人在学校成绩是二流的，进入社会却当了老板。为什么呢？就是因为成绩一流的同学过分专心于专业知识，忽略了做人的"圆"；而成绩二流甚至三流的同学却在与人交往中掌握了处世的原则。正如卡耐基所说："一个人的成功只有15%是依靠专业技术，而85%却要依靠人际关系、有效说话等软科学本领。"

真正懂"方圆"的人是大智慧与大容忍的结合体，有勇猛斗士的武力，有沉静蕴慧的平和。身处其中的真正聪明人，总是善于想方设法保护自己，躲避陷阱，绕开虎口狼窝。

柔与忍的做人哲学在张之洞的身上得以充分体现，其运用之精妙令人赞叹。

古往今来，有许多自诩机敏之士于风雨飘摇中遭遇不幸，往往是因为他们不懂得左右逢源，且行为脱俗、锋芒毕露而招惹忌妒。如果能学会外圆内方，以柔忍之术做人，想必就不会那样不幸，而是可以更好地展现才华，为国为民尽心尽力了。

避开钉子，懂得另寻他路

能够生存下来的物种，并不是那些最强壮的，也不是那些最聪明的，而是那些对变化做出快速反应的。

——达尔文

美国威克教授曾做过一个有趣的实验。

把一些蜜蜂和苍蝇同时放进一只平放的玻璃瓶里，使瓶底对着光亮处，瓶口对着暗处。结果，那些蜜蜂拼命地朝着光亮处飞，最终气力衰竭而死，而乱窜的苍蝇竟都溜出细口瓶颈逃生。这一实验告诉我们：在充满不确定性的环境中，有时我们需要的不是朝着既定方向的执着努力，而是在随机应变中寻找求生的路；不是对规则的遵循，而是对规则的突破。我们不能否认执着对人生的推动作用，但也应看到，在一个经常变化的世界里，灵活机动的行动比有序的衰亡好得多。

只知道以一条道跑到黑的蜜蜂走向了死亡，懂得灵活变通的苍蝇却生存了下来。认定一条道与灵活变通是两种人生态度，不能单纯地说哪个好哪个坏。单纯的坚持一条道和单纯的灵活变通，二者都是不完美的。只有二者相辅相成才能取得最后的成功，我们要学会坚持与灵活二者兼顾。

精明人办事都会运用一定的技巧,有些事情直接去做不能成功,就应该换个角度去思考,学会灵活做事,掌握了这种方法,有利于我们圆满解决一些麻烦事。

如果明知一个梦不能带来利润,带某种虚幻而不切实际的梦想一条道走到黑,这是纯粹的理想主义者;如果你奋力拼搏了,但是这条路就是走不过去,再看看旁边,也许有一条阳光大道正等着你呢!

当今社会是一个竞争激烈的社会,竞争者为了跻身前列,无不使出浑身解数;激烈的角逐和竞争,使社会变化异常迅速。生活在这样一个变化快的社会,需要人们具有最灵活、最敏捷的应变能力,审时度势,纵观全局,及时做出可行、有效的决策。

为人处世,求人办事也一样会碰到各种"刺儿",这时便不能一条道走到黑,而应该想办法绕个弯子,避开障碍,懂得另寻他路来获得成功。

条条大路通罗马。有以勇气开辟的光明大道,也有以巧计铺设的捷径。勇谋相较,谋取为多;勇谋相搏,谋者多胜。如果你难以如愿以偿,就会有遭人白眼之时。

做事要灵活,这是一种智慧,这种智慧让人受益匪浅。

一个人即使才高八斗,假如他缺少足够的机智,不能灵活变通、权衡利弊,不能在恰当的时候说恰当的话、做恰当的事,那么他就不能最有效地表现自己的才干。

受过高等教育的人,或者在专业方面具有高深造诣的人,往往由于缺乏灵活,事业一直无进展。一个人假如有了灵活办事的机智,再加上坚毅努力的精神,便可以使事业有大的进展。

一个机智的人,不但能利用他所知道的东西,并能善于利用他所不知道的东西,他还能用巧妙的方法来掩饰他无知愚拙的方面,这样的人通常更易得到他人的信赖与钦佩。

一般人之所以缺乏机智，一则是由于他们不识时务，二则是由于思想不敏锐。

灵活的人善于交际，能迎合他人的心理。这种人初次与人见面，就能找出对方感兴趣的话题，并将其提出来作为谈话的资料。他们不会过多谈论关于自己的事情，因为他们深知，对方最感兴趣的莫过于他们自身的事情和希望。而不灵活的人就不是这样，他们只喜欢谈及自己感兴趣的事情，常常不顾及他人的感受。于是，这样的人常不受朋友们欢迎。

灵活的人即便对于不感兴趣的事，也不会轻易在表面上显露出来。而那些不灵活的人，往往最容易得罪他人。这种人假若加入一个团体，也一定不为大众所欢迎，不是受到冷遇，便是自讨没趣。

要说种种优良品质，灵活可能算得上是最紧要的。灵活的人，对于一切事情都能随机应变、处置得当，这样的人才能利用适当的机会，发挥自身的潜能。

在处理问题时，我们总是习惯性地按照常规思维去思考，假若我们能够学会灵活变通，那么你会发现"柳暗花明又一村"。

不仅思考问题要这样，在工作上也应该这样。与人相处时特别要注意灵活。成功者为什么能成功？其中一个重要因素就是灵活。所谓灵活与弹性处理，跟滑头性格与做事没有原则是不相同的。因时制宜，在某种特殊特定环境之内，配合需求，设计出最好的可行方案，这就是所谓的弹性处理。分明已经改了道，此路不通，还偏偏要照旧时那个法子把车开过去，这不是坚持原则，而是蛮干。

参考文献

[1] 李昊. 方圆做人　圆满做事 [M]. 北京：线装书局，2020.

[2] 邢群麟. 你的格局决定你的结局 [M]. 北京：吉林出版集团股份有限公司, 2019.

[3] 乔子青. 做人要精明，做事要高明 [M]. 长春：吉林文史出版社，2019.

[4] 张月. 三分做人，七分做思路 [M]. 沈阳：辽海出版社，2017.

[5] 章岩. 每天懂一点人情世故 [M]. 天津：天津科学技术出版社，2019.

[6] 宋学军. 做人可以很艺术［M］. 北京：中国旅游出版社，2008.

[7] 方华庭. 成大事者这样做人［M］. 北京：中国华侨出版社，2008.

[8] 马银文，张笑恒. 成功做人，成熟处世的学问［M］. 北京：中国致公出版社，2008.

[9] 方圆. 做人的手腕［M］. 北京：新世界出版社，2010.

[10] 程立雪. 大气做人　小心做事［M］. 北京：中国长安出版社，2010.

[11] 硕林. 做人有心眼　做事有手腕［M］. 长春：吉林大学出版社，2010.

[12] 龙晓雨. 三会——做人做事交际［M］. 北京：人民出版社，2011.

[13] 王传丽. 做人左右逢源，办事游刃有余［M］. 北京：新世界出版社，2011.

[14] 胡国俊. 会做人，让你人财两旺［M］. 北京：中国画报出版社，2012.

[15] 梦华. 做人要有智慧，做事要有策略 [M]. 长春：吉林文史出版社, 2018

[16] 李世强. 生活需要分寸感：做人靠谱，做事有度 [M]. 石家庄：花山文艺出版社，2019.